综合气象观测数据质量控制
典型案例分析

中国气象局气象探测中心　编著

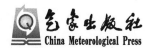

气象出版社
China Meteorological Press

内容简介

本书对影响综合气象观测数据质量的典型案例,从操作方法、案例介绍、分析方法、解决方案、问题追踪等方面进行技术分析,帮助国家级、省级、台站和厂家相关人员"发现问题—跟踪反馈—解决问题—改进质量",有效促进观测数据质量持续改进。本书共分9个章节对8大类观测设备进行详细介绍,包括新一代天气雷达、地面气象观测、风廓线雷达、雷电观测、高空气象观测、GNSS/MET、土壤水分、大气成分。

本书面向各级综合气象观测业务人员,也可作为业务管理和科研人员、厂家技术人员解决数据质量问题的指导用书。

图书在版编目(CIP)数据

综合气象观测数据质量控制典型案例分析 / 中国气象局气象探测中心编著. -- 北京:气象出版社,2022.9
ISBN 978-7-5029-7819-8

Ⅰ. ①综… Ⅱ. ①中… Ⅲ. ①气象观测－数据处理－质量控制系统－技术手册 Ⅳ. ①P413-62

中国版本图书馆CIP数据核字(2022)第181357号

综合气象观测数据质量控制典型案例分析
ZONGHE QIXIANG GUANCE SHUJU ZHILIANG KONGZHI DIANXING ANLI FENXI

出版发行:气象出版社

地　　址:北京市海淀区中关村南大街 46 号	**邮政编码:**100081
电　　话:010-68407112(总编室)　010-68408042(发行部)	
网　　址:http://www.qxcbs.com	**E-mail:**qxcbs@cma.gov.cn
责任编辑:张锐锐　万　峰	**终　审:**张　斌
责任校对:张硕杰	**责任技编:**赵相宁
封面设计:博雅锦	
印　　刷:北京建宏印刷有限公司	
开　　本:787 mm×1092 mm　1/16	**印　张:**11.75
字　　数:300 千字	
版　　次:2022 年 9 月第 1 版	**印　次:**2022 年 9 月第 1 次印刷
定　　价:80.00 元	

编委会

主　　任：李良序

编　　委（按姓氏笔画排序）：

权继梅　李　杨　杨荣康　吴　蕾　宏　观　张雪芬

陈玉宝　邵　楠　施丽娟　郭建侠　黄　磊　靳军莉

雷　勇

编写组成员

主　　编：李翠娜

副 主 编：赵培涛　秦世广

组　　长：宋树礼　韦丽英

参编人员（按姓氏笔画排序）：

王思佳　王彦霏　王　鹏　支亚京　文　浩　左湘文

石　锐　冯婉悦　朱永超　刘天琦　刘　莹　刘　健

严家德　李吉洲　李　斌　李瑞义　杨馨蕊　吴举秀

陈冬冬　陈庆亮　陈泽方　陈海波　林雪娇　周红根

庞文静　赵要光　赵盼盼　荆俊山　胡　姮　夏元彩

徐　进　黄子芹　黄梅艳　崔喜爱　康　凯　梁　宏

谢　非

序　言

2022 年是《气象高质量发展纲要(2022—2035 年)》实施的开局之年,全国气象部门正在深入贯彻落实习近平总书记关于气象工作重要指示精神,加快谋划气象高质量发展。《气象高质量发展纲要(2022—2035 年)》提出要建设形成陆海空天一体化、协同高效的精密气象监测系统,健全气象观测质量管理体系。中国气象局局长庄国泰强调,气象数据是气象事业的根本,是实现精准预报和精细服务高质量发展的重要基础;要将质量作为数据的生命,建立数据全生命周期质量管理体系。因此,高质量管理和运维好现代化的气象观测技术装备体系,提升观测数据和产品应用质量成为气象高质量发展的首要任务。

中国气象局气象探测中心以质量管理体系理念为指引,设计并构建由"前期质量保证、实时质量控制和后期质量保证"三阶段和"设备端十中心端"两端控制为基本思路的观测数据全流程质量控制体系。针对中心端实时质控业务,创新打造了综合气象观测业务系统(简称"天衡天衍"),集成天气雷达、风廓线雷达等 8 大类 62 种权威质控算法,实现了国家级各类设备分钟级质量控制全覆盖,质控后数据产品在全国推广应用。依托"天衡天衍"系统,探测中心构建起"监视—质控—评估—反馈—改进"闭环业务链条,在综合观测司指导下,2022 年联合国家、省、市、站、厂家等改进观测端长期隐蔽性问题 3100 余站次,元数据质量问题 42000 余站次,首次实现观测数据质量问题清单动态清零,以显著成效贯彻落实了中国气象局"质量提升年"行动要求。

综合气象观测业务系统已成为观测领域基本业务系统,为帮助用户更好使用系统,指导用户快速诊断问题原因、准确定位问题类型、高效跟踪解决问题,探测中心精心收集整理了 118 个数据质量问题典型案例,从操作方法、案例介绍、分析方法、解决方案、问题追踪等方面进行细致分析,编著了《综合气象观测数据质量控制典型案例分析》,以期帮助国家级、省级、台站和厂家等相关管理技术人员"发现问题—跟踪反馈—解决问题—改进质量",有效促进全网观测数据质量可靠和持续改进提升。

衷心希望《综合气象观测数据质量控制典型案例分析》能成为广大一线业务人员的指导用书,帮助各级观测业务人员提高解决观测端数据质量问题能力,在构建新型观测数据全流程质控业务体系(PDCA)中起到积极作用。

中国气象局气象探测中心主任:李成才

2022 年 9 月

前　言

为扎实落实中国气象局"质量提升年"行动要求，中国气象局气象探测中心加强综合气象观测业务系统（简称"天衡天衍"）在全国各省（区、市）气象局推广应用，强化国省互动应用。"天衡天衍"基于先进质量控制和数据评估技术手段，坚持从源头解决问题，实现观测端数据质量问题快速识别，打通国—省—站—设备厂家四级联动反馈改进渠道，达到观测数据质量稳定可靠的目的。系统采用一级部署四级应用，实现新一代天气雷达、地面气象观测、风廓线雷达、雷电观测、高空气象观测、GNSS/MET、土壤水分、大气成分8大类设备数据获取、质量控制、诊断勘误和数据评估功能，集成62种质控和评估方法，在全国范围内实现业务化应用。

中国气象局气象探测中心结合国—省—地（市）—台站业务人员在系统应用中需要解决的设备问题和影响数据质量问题，组织编著了《综合气象观测数据质量控制典型案例分析》。本书详细介绍了"天衡天衍"质控系统功能、质控和评估方法，对典型案例进行多角度分析，提出解决方案，并进行问题追踪，可作为发现设备问题、督促业务处理、解决设备故障和可疑错误数据的技术资料和依据。本书面向全国国家级、省级、地市级、县级综合气象观测业务人员，也可作为业务管理和科研人员、厂家技术人员解决数据质量问题的指导用书，系统还将不断优化升级，与本书不一致之处，以系统优化升级说明为准。

本书编著过程中由相关省（区、市）气象局提供了部分案例和技术支持，配合完成案例分析。在此对所有关心支持本书编写的领导、专家和同仁一并致以衷心的感谢！希望通过本书进一步提高基层业务人员的知识层次，增强业务技能，提高综合气象观测业务水平。

由于编者水平有限，书中不足之处，欢迎广大读者批评指正。

编著者

2022 年 9 月

目　录

第一篇 总 则

第 1 章 综合气象观测数据质量控制系统

1.1 系统功能

综合气象观测数据质量控制系统（以下简称"天衡天衍系统"）是在中国气象局观测质量管理体系的框架下，面向气象探测人员、数据业务技术人员和管理人员的观测数据质量控制业务系统。借助该系统运用智能质量控制算法和多源观测数据联合检验方法，通过客观化评估指标对观测数据进行质量评估，定期发布权威质量报告；制定气象观测数据名单判断标准，定量化描述影响观测数据质量因子；促进数据观测端与应用端质量信息互联互通，建立国家级观测数据准实时质控业务，为气象观测、预报、服务等业务提供可靠、准确的基础数据。

天衡系统实现八大类观测设备的观测数据实时获取、在线质控、诊断勘误、综合评估，通过人工判断、程序对比、统计分析 3 个层次对气象观测数据质量进行管理和控制，对数据质量提出权威、可信的评估结果。可对质控和评估算法不断优化，加强验证，确保气象观测数据的代表性、精确性、比较性、一致性和及时性。主界面通过 4 个环节直观展示了八大类观测设备气象观测数据质量管理和控制过程，监视→质控→分析→评估过程形成质量控制全业务链，提高了气象观测数据的质量和效益，助力气象观测质量管理体系建设，实现气象强国梦，如图 1.1 所示。

图 1.1 八大类观测设备

天衡系统登录方式:用户先登录综合气象观测业务运行信息化平台(天元),点击"数据质量"控制菜单进入天衡系统首页,也可以直接登录天衡属地化网址。

天衡国家级网址:http://10.1.64.154/radar3/qc/

天衡属地化网址:http://10.1.64.154/radar3/qc/local/

1.2　质控和评估方法

目前,天衡系统集成的质量控制(简称质控)算法和评估算法由中国气象局气象探测中心自主研发,共计 62 种,其中质控算法 43 种,包括:新一代天气雷达算法 10 种、地面气象观测算法 7 种、风廓线雷达算法 5 种、雷电观测算法 3 种、高空观测算法 8 种、GNSS/MET 算法 3 种、土壤水分算法 4 种、大气成分算法 3 种;评估算法 19 种,包括:新一代天气雷达算法 2 种、地面气象观测算法 6 种、风廓线雷达算法 3 种、高空观测算法 6 种、土壤水分算法 2 种,详见表1.1。

表 1.1　8 大类观测设备观测数据质量质控和评估方法

算法类型	设备类型	算法数量	算法名称
质控算法 (43 种)	新一代天气雷达	10 种	故障坏图消除算法、电磁干扰消除算法、地物/超折射消除算法、海浪回波消除算法、晴空回波消除算法、基于卫星资料晴空回波消除算法、噪声/孤立点回波消除、径向速度退模糊、质量标识、双偏振雷达质控算法
	地面气象观测	7 种	降水多源质控算法、积雪深度多源质控算法(极值检查、多要素协同一致性检查、时间一致性检查)、风多源质控算法(风速、风向)、相对湿度恒值检查
	风廓线雷达	5 种	五波束空间一致性检查、时间一致性平均算法、水平风垂直切变检查算法、组网均一性质控算法、可信度标识
	雷电观测	3 种	状态数据质控算法、回击数据质控算法、定位数据质控算法
	高空气象观测	8 种	基本信息检查、气球移速检查、阈值检查、空间一致性检查、超绝热递减率检查、静力学检查、风切变检查、时间一致性检查
	GNSS/MET	3 种	界限值检查、时间一致性检查、标准差检查
	土壤水分	4 种	极值检查(体积含水量、相对湿度)、突变检查、恒值检查
	大气成分	3 种	极值检查(PM_1、$PM_{2.5}$、PM_{10})
评估算法 (19 种)	新一代天气雷达	2 种	均一性评估、雷达与雨滴谱反射率一致性评估
	地面气象观测	6 种	地面质量监视评估算法(气压、气温)、地面降水与实况分析场一致性评估、地面降水与雷达估测降水一致性评估、地面降水与雨滴谱一致性评估、星地辐射一致性评估
	风廓线雷达	3 种	风廓线雷达质量监视评估算法(U 分量、V 分量)、有效探测高度
	高空气象观测	6 种	探空质量监视评估算法(位势高度、温度、风速、风向、相对湿度)、探空质量名单
	土壤水分	2 种	土壤水分质量监视评估算法(体积含水量、相对湿度)

第二篇　综合气象观测数据质量控制系统典型案例分析

第 2 章　新一代天气雷达

2.1　分析方法

新一代天气雷达数据质量问题站点评价指标包括：①数据正确率，②均一性评估，③异常频次、故障坏图和电磁干扰。

2.1.1　数据正确率

数据正确率是指在选取评估时段内，新一代天气雷达无故障工作时间内，实际收到的故障坏图和电磁干扰质控标识为正确的基数据总量占实际收到的基数据总量百分比。

$$数据正确率 = \frac{0.8 \times TP + 0.2 \times RI}{DT} \times 100\% \tag{2.1}$$

其中：①评估指标为数据正确率≥90%；②TP 为故障坏图质控标识为正确的基数据总量，权重 80%；③RI 为电磁干扰质控标识为正确的基数据总量，权重 20%；④DT 为实际收到的天气雷达基数据总量。

2.1.2　均一性评估

均一性评估是在完成天气雷达 7 道数据质量控制工序基础上，读取同一时刻相邻雷达同一等高面的 CAPPI 格点数据，寻找回波重叠区域内同时到两部雷达距离相等的区域（等距离线），最后输出等距离线上的均一性偏差、标准偏差和相关系数等指标，评估结果为可信、可疑、疑误、无数据和未评估，判定标准见表 2.1。

表 2.1　新一代天气雷达均一性评估状态判定标准

状态	平均偏差	标准偏差	相关性	满足条件
可信	≤3	≤5	≥0.5	同时满足
可疑	(3,5]	(5,8]	[0.3,0.5)	满足其一
疑误	>5	>8	<0.3	满足其一
无数据	—	—	—	
未评估	—	—	—	

2.1.3　异常频次、故障坏图和电磁干扰

异常频次以一个体扫基数据为统计单位，一个体扫基数据的反射率或径向速度数据出现异常，计为 1 次。

故障坏图指新一代天气雷达设备某一系统或某一部件出现故障而引起的非雷达观测到的数据。

电磁干扰指雷达由于受到外界干扰或内部干扰而引起的异常回波。

2.1.4　评价标准

新一代天气雷达数据质量问题评价标准为：

① 平均数据正确率＜90％；②均一性评估结果疑误时次≥3，则认为该站点回波均一性异常偏高或偏低；③异常频次≥50 次。

符合上述条件之一的站点视为异常站点。

2.2　问题原因

新一代天气雷达数据正确率低的主要原因包括电磁干扰、故障坏图、地物/超折射、海浪回波等，数据正确率主要以电磁干扰异常频次和故障坏图频次作为主要评判指标。新一代天气雷达均一性差主要由设备故障、定标等问题引起的回波偏强、偏弱，均一性评估状态判定指标是标准偏差、平均偏差和相关性以及异常频次。

2.3　案例分析

利用天衡系统"诊断勘误"环节，在自动质控新一代天气雷达图像的基础上，通过实时监视、一键定位快速发现问题，针对疑误或错误数据特征，采用人机交互的方式进行分析诊断、智能化勘误或人工订正，并将相关信息反馈至观测端，指导、解决前端观测质量问题。

主要由"日统计"和"时统计"组成。

2.3.1　电磁干扰

诊断勘误具有实时监视、查询、分析和统计等功能。点击天衡系统标题区的"主页"快捷功能按钮，再点击"快速切换区"→"诊断勘误"→"日统计"进入"实时监视"页面，如果当前在"诊断勘误"的"分析勘误"或"查询统计"页面，直接点击左侧"实时监视"按钮也可以进入"实时监视"页面。"实时监视""分析勘误"和"查询统计"等选择框页面分为"选择区"和"操作区"等功能区，主要用于查看重拼的新一代天气雷达产品质控前后的对比情况，包括时间选择、重拼产品列表、重拼产品人工质控站点表、自动质控前后天气雷达回波对比和综合质控前后天气雷达回波对比等内容，如图 2.1 所示。

点击"分析勘误"按钮，选择"开始时间"和"结束时间"，页面下方显示"省份""站名""站号""异常回波"和"操作"等基本查询信息。质控方式包括人工质控和自动质控。异常回波类型包括故障坏图、电磁干扰、地物/超折射、海浪回波 4 种，剔除类型分为剔除和屏蔽 2 种，屏蔽对应的操作为"—"，剔除对应的操作为"定位"，点击"操作"按钮，实现回波异常情况在质控前后天

气雷达回波图上定位到该雷达站,如图 2.2 所示。

图 2.1　天衡系统诊断勘误功能区

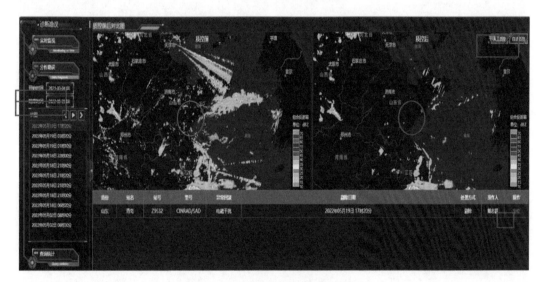

图 2.2　天衡系统诊断勘误操作区

分别点击质控前后的定位点"●",可查看自动质控前后不同仰角的新一代天气雷达基本反射率产品图。从"质控前"产品图上查看各仰角的产品,故障坏图主要出现在 0.5°和 1.5°仰角,如图 2.3 所示。

从"质控后"产品图上查看各仰角的产品 ,0.5°仰角上的故障坏图经自动质控后完全消除,1.5°仰角上的故障坏图虽有所减弱,但仍存在故障坏图,如图 2.4 所示。

案例一:同频干扰

(1)案例介绍

2022 年 1 月 1—13 日,山西省吕梁站数据正确率为 87.24%,电磁干扰异常频次 1972 次,电磁干扰方向在北偏东 17°和 50°左右,异常回波类型为电磁干扰,0.5°仰角质控前后效果,如图 2.5 所示。

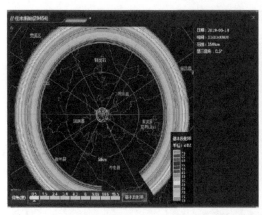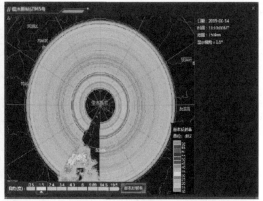

图 2.3　质控前不同仰角基本反射率

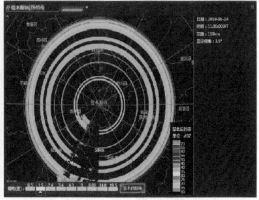

图 2.4　质控后不同仰角基本反射率

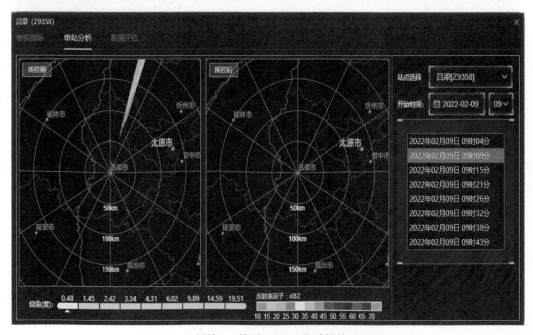

图 2.5　吕梁站 0.5°仰角电磁干扰质控前后效果图

（2）分析方法

根据质控结果分析,怀疑雷达接收系统、信号处理系统或存在电磁干扰等问题。针对存在的问题,利用雷达测试仪表对雷达进行测试定标,经测试雷达动态范围、回波强度和噪声系数等性能指标符合要求。初步确定该问题由"电磁干扰"引起。

（3）解决方案

基于天衡系统各仰角电磁干扰质控情况,吕梁市气象局联合吕梁市工业和信息化局及时排查测试干扰源。经现场专用仪表测试发现,在雷达站北偏东 17°和 50°有无线桥网等 2 处同频干扰,当即联系干扰源所属单位,下达限期整改通知书,立即对干扰源及时整改,雷达干扰排除,雷达恢复正常,数据产品无异常,如图 2.6 所示。

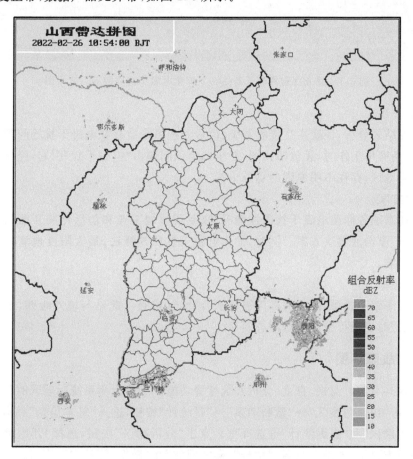

图 2.6　山西省吕梁站排除干扰后雷达拼图

（4）问题追踪

台站密切关注此处干扰源,避免再次出现类似干扰情况。若再出现此类情况,立即同相关部门进行联合测试、查处和整改。

案例二:其他原因电磁干扰

（1）案例介绍

2022 年 3 月 14—21 日,黑龙江省黑瞎子岛新一代天气雷达数据正确率为 84.30%,电磁干扰异常频次 1392 次,如图 2.7 所示。

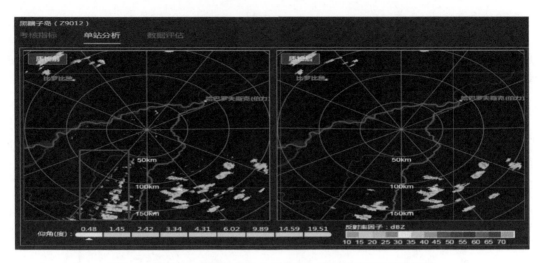

图 2.7　黑龙江省黑瞎子岛站 0.5°仰角电磁干扰质控前后效果图

（2）分析方法

根据质控结果分析，怀疑雷达接收系统、信号处理系统或存在电磁干扰等问题。结合雷达产品，发现在高仰角工作时，无故障坏图，初步确定该问题由"电磁干扰"引起，经核查黑瞎子岛位于东北边界地区，存在不明原因的境外干扰。

（3）解决方案

基于天衡系统各仰角电磁干扰质控情况，联系所属地工业和信息化局开展电磁干扰源测试排查，并同厂家沟通解决方案。同时，优化电磁干扰质控算法，最大限度地消除电磁干扰对雷达产品的影响。

（4）问题追踪

台站及时跟踪干扰源，同相关部门进行联合测试、检查。此站与境外毗邻，干扰源排查难度较大，建议适时更换可变频频率源。

2.3.2　故障坏图

诊断勘误具有实时监视、查询、分析和统计等功能。点击天衡系统标题区的"主页"快捷功能按钮，再点击"快速切换区"→"诊断勘误"→"日统计"按钮，进入"基本信息"弹出框，选择"实时监视""分析勘误"和"查询统计"等选择框。点击"分析勘误"按钮，选择"开始时间"和"结束时间"，页面下方显示"省份""站名""站号""异常回波"和"操作"等基本查询信息。质控方式包括人工质控和自动质控。异常回波类型包括故障坏图、电磁干扰、地物/超折射、海浪回波 4种，剔除类型分为剔除和屏蔽 2 种，屏蔽对应的操作为"—"，剔除对应的操作为"定位"，点击"操作"按钮中"定位"，实现回波异常情况在质控前后天气雷达回波图上定位到该雷达站，如图2.8 所示。

案例一：软件故障造成故障坏图

（1）案例介绍

2022 年 3 月 23—26 日，山东省青岛站数据正确率为 89.33%，电磁干扰异常频次 132 次，故障坏图 296 次，故障坏图 6.02°仰角质控前后，如图 2.9 所示。

图 2.8　天衡系统故障坏图

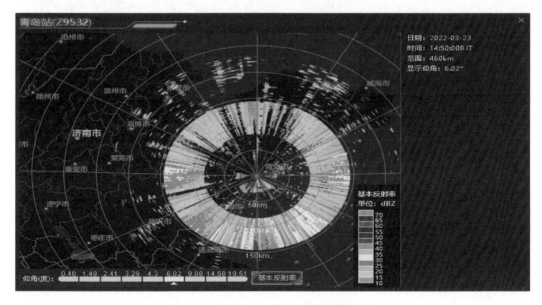

图 2.9　青岛站 6.02°仰角故障坏图质控前

（2）分析方法

基于天衡系统质控情况，结合雷达产品和雷达运行状态，实时查看雷达日志文件和报警信息，分析存在不明原因，导致雷达数据异常。

（3）解决方案

根据雷达不同仰角坏图情况，及时分析研判测试雷达信号处理系统、接收系统、发射系统等性能指标，经测试定标，雷达功率、动态范围、回波强度和噪声系数等性能指标符合要求，初步判断雷达硬件故障概率不大。根据工作经验，重启雷达控制软件和雷达整机系统，故障排除。

（4）问题追踪

台站及时关注雷达运行状态，按照《新一代天气雷达观测规定（第二版）》相关规定，及时开展相应维护和定标工作,并同时在综合气象观测业务运行信息化平台规范填报维护单,如"维护项""定标项""备件申请""换件记录"和"调整定标"等。

案例二:软件故障造成故障坏图

(1)案例介绍

2022年1月29日—2月4日,江西省赣州站数据正确率为72.75%,电磁干扰异常频次30次,故障坏图479次,故障坏图0.5°仰角质控前后,如图2.10所示。

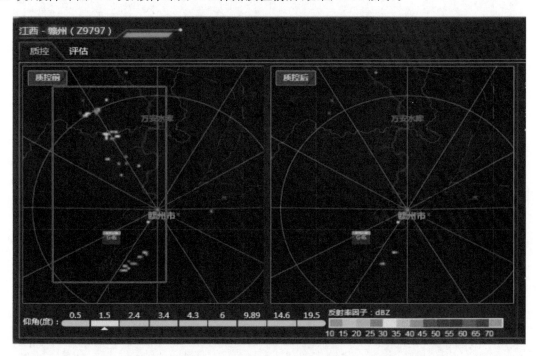

图2.10　赣州站0.5°仰角故障坏图质控前后对比图

(2)分析方法

天衡系统诊断"故障坏图",结合雷达产品和雷达运行状态,分析雷达各系统运行情况,测试各系统性能指标。

(3)解决方案

联系省局或厂家及时排查设备故障,测试雷达信号处理系统、接收系统、发射系统等指标是否符合要求。赣州站雷达大修后接收机灵敏度性能指标更高,雷达的探测性能更好,雷达弱回波发现能力明显改善;为了获取更远的探测距离(200 km),在体扫设置中,第二层和第四层的重复频率设置为600 Hz(标准为1000 Hz),导致回波速度数据质量下降,在滤除地杂波过程中会有残留弱回波显示,造成判别为故障坏图。将第二层和第四层的重复频率设置为1000 Hz,故障坏图消失。

(4)问题追踪

台站及时关注雷达状态和软件运行。同时在综合气象观测业务运行信息化平台规范填报故障单,如"故障信息""维修活动""备件申请""换件记录"和"维修定标"等。同时台站按照《新一代天气雷达观测规定(第二版)》相关规定,及时开展相应维护工作,对重大故障进行总结,并上报上级业务主管与业务保障部门。

2.3.3 地物回波

诊断勘误具有实时监视、查询、分析和统计等功能。点击天衡系统标题区的"主页"快捷功能按钮,再点击"快速切换区"→"诊断勘误"→"日统计"按钮,弹出"基本信息"弹出框,选择"实时监视""分析勘误"和"查询统计"等选择框。点击"分析勘误"按钮,选择"开始时间"和"结束时间",页面下方显示"省份""站名""站号""异常回波"和"操作"等基本查询信息。质控方式包括人工质控和自动质控。异常回波类型包括故障坏图、电磁干扰、地物/超折射、海浪回波 4 种,剔除类型分为剔除和屏蔽 2 种,屏蔽对应的操作为"—",剔除对应的操作为"定位",选择异常台站,点击"操作"按钮中"定位",实现回波异常情况在质控前后天气雷达回波图上定位到该雷达站,如图 2.11 所示。

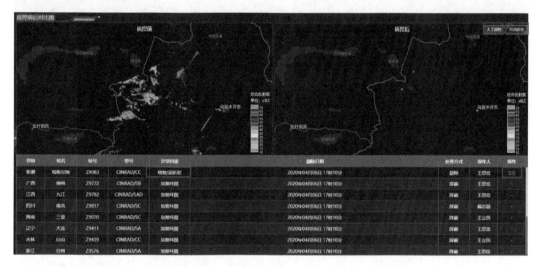

图 2.11 天衡系统地物/超折射分析图

案例一:设备故障

(1)案例介绍

2020 年 4 月 6 日 17:10,新疆维吾尔自治区塔斯尔海站天衡系统诊断雷达回波异常,径向速度较大,存在"地物/超折射"现象,塔斯尔海站 0.5°仰角质控前后,如图 2.12 所示。

(2)分析方法

根据质控结果分析,结合雷达运行状态和质控算法,怀疑雷达接收系统、信号处理系统等出现故障。通过查看雷达产品,发现在 150 km 范围内存在大面积的地物回波,经现场测试,发现雷达频率源故障,输出信号不正常,导致出现异常回波。

(3)解决方案

根据故障现象,申请国家级备件频率源,升级质控算法,现场更换后,地物回波异常数据基本消除,雷达恢复正常,2020 年 4 月 7—20 日新疆维吾尔自治区塔斯尔海站维修后地物回波如图 2.13 所示。

(4)问题追踪

台站需及时关注雷达运行状态,根据《天气雷达定标业务规范(试行)》要求,对影响天气雷达技术性能的组(部)件进行更换、维修、调试后,根据组(部)件对应的雷达分系统,开展相关定

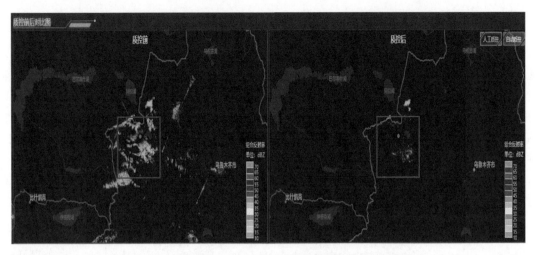

图 2.12 塔斯尔海站 0.5°仰角故障坏图质控前后对比图

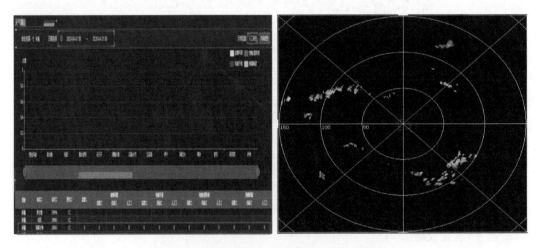

图 2.13 塔斯尔海站雷达维修后地物回波结果

标项目的定标。同时,在综合气象观测业务运行信息化平台规范填报故障单,如"故障信息""维修活动""备件申请""换件记录"和"维修定标"等。

案例二:风电场电磁干扰

(1)案例介绍

2022 年 3 月 26 日,山东省济南站存在异常回波,且回波位置比较固定,如遇大风天气和强对流天气时异常回波强度变大,异常回波类型为电磁干扰,济南站 0.5°仰角质控前后效果,如图 2.14 所示。

(2)分析方法

基于天衡系统各仰角电磁干扰质控情况,怀疑雷达接收系统、信号处理系统或存在电磁干扰等问题。针对存在的问题,利用雷达测试仪表对雷达进行测试定标,经测试雷达动态范围、回波强度和噪声系数等性能指标符合要求。初步确定该问题由"电磁干扰"引起。跟踪近 10 a 来济南市周边风电场建设情况,发现在济南站周边 50～100 km 内存在约 150 台风力发电机组,方位主要在雷达站 180°～300°范围内。结合当日回波强度和瞬时风速数据,排除超折射、

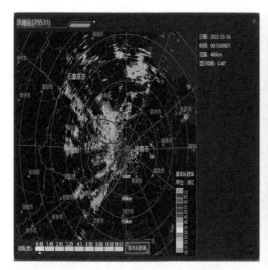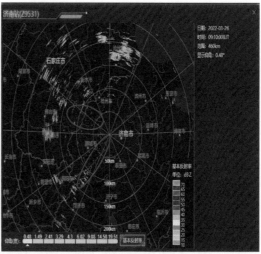

图 2.14　济南站 0.5°仰角电磁干扰质控前后效果图

高压线干扰和鸟类(昆虫)等干扰,分析干扰原因与风电厂空气扰动程度有直接关系。

(3)解决方案

优化风电场电磁干扰质控算法,最大限度地消除电磁干扰对雷达产品的影响。同时,在保证风能开发利用的同时,加大雷达站探测环境保护力度,减少对雷达回波的干扰。

(4)问题追踪

台站及时跟踪风电场建设工作,实时掌握风电场电磁干扰方位。

2.3.4　均一性评估

均一性评估是在完成天气雷达数据质量控制工序基础上,读取同一时刻相邻雷达同一等高面的 CAPPI 格点数据,寻找回波重叠区域内同时到两部雷达距离相等的区域(等距离线),最后输出等距离线上的均一性指标进行相邻雷达回波重叠区域回波差异分析。

数据评估具有实时显示、查询、分析和统计等功能,鼠标移到站点显示单站详情,绿色为可信,黄色为可疑,红色为疑误,浅灰色为无数据,深灰色为未评估站。

点击"某站",显示相关性(R^2)、标准偏差、平均偏差、评估结果情况,如图 2.15 所示。

可根据需求选择时间范围和站点,查询评估结果,如图 2.16 所示。

点击两站间的"连接线",点击"实时",并可进行"时次选择""单站分析"和"三维展示",查看当前关联站每个时次的观测时间、初始站、关联站、两站距离、平均偏差、标准偏差、相关性(R^2)、评估结果等信息,并展示关联站反射率因子差、相关性和三维拼图,如图 2.17 所示。

2.3.4.1　伺服系统故障,均一性评估结果疑误

案例一:临沂站故障

(1)案例介绍

2018 年 7 月 8—10 日,山东省临沂站均一性评估结果显示"疑误",标准偏差大于 10 dB,相关性小于 0.01,严重超标。2018 年 7 月 8—10 日,山东省临沂站雷达维修前回波均一性对比结果如图 2.18 所示。

由图 2.18 可知,反射率因子两条线趋势不一致,没有明显规律,相关性接近 0,雷达回波

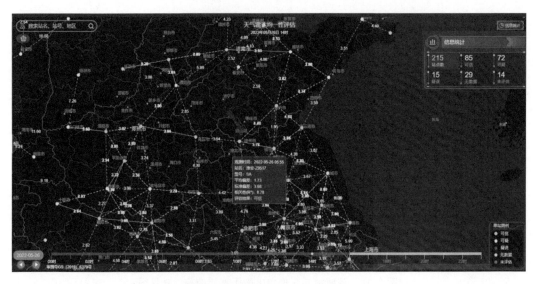

图 2.15　单站均一性评估显示

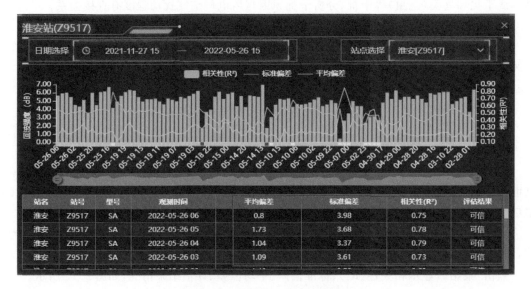

图 2.16　单站均一性评估详情

三维图上回波结构和颜色全部不一致,这种情况可判断该雷达回波位置有误。

（2）分析方法

根据疑误信息,山东省郯城站 2018 年 7 月 10 日 2—3 时雨量 34.7 mm,经与雷达产品图比较发现强降水发生在郯城的西北部,而郯城观测站在雷达站正南方向,雷达回波位置和降水实况偏差较大,如图 2.19 所示。

2018 年 7 月 10 日,经台站技术员现场对天线控制精度和太阳法测试,天线实际位置和角码显示位置不一致,方位偏差 17°左右。

（3）解决方案

根据定标测试记录,初步怀疑伺服系统故障。现场排查发现方位同步箱联轴节松动,连接

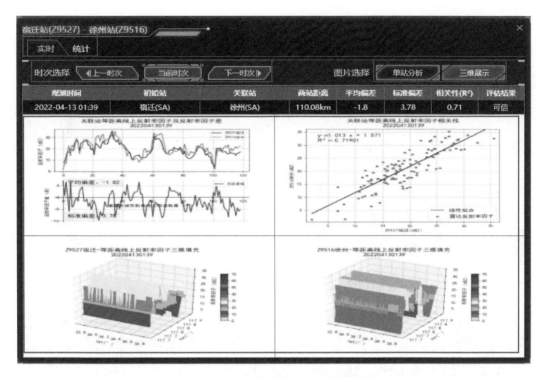

图 2.17　关联站均一性评估详情

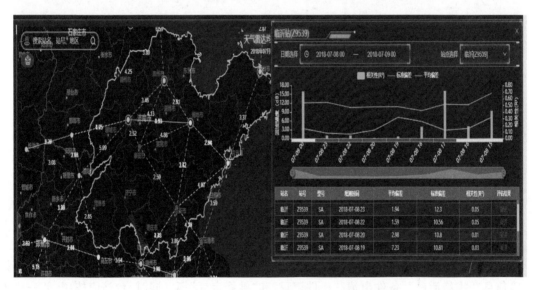

图 2.18　临沂站雷达维修前回波均一性对比结果

不实。利用维修工具,上紧同步箱联轴节完成现场调整,根据《天气雷达定标业务规范(试行)》要求,对伺服系统进行相关项目的定标,方位角最大偏差 0.03°,太阳法测试方位角偏差 0.06°,雷达恢复正常。再次对雷达均一性进行评估,平均偏差降低到 1 dB 左右,相关性大于 0.7,评估结果为可信。2018 年 7 月 23—25 日,山东省临沂站雷达维修后均一性评估情况如图 2.20 所示。

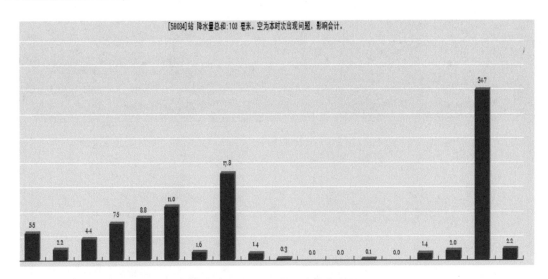

图 2.19　山东省郯城站降水实况

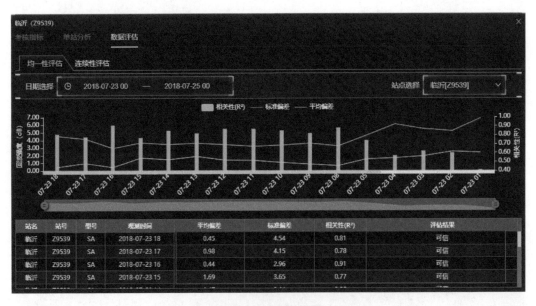

图 2.20　临沂站雷达维修后均一性结果

(4)问题追踪

台站及时关注雷达运行状态。在综合气象观测业务运行信息化平台规范填报故障单,如"故障信息""维修活动""备件申请""换件记录"和"维修定标"等。同时,台站应按照《新一代天气雷达观测规定(第二版)》相关规定,及时开展相应维护工作,对重大故障进行总结,并上报上级业务主管与业务保障部门。

案例二:泰州站雷达故障

(1)案例介绍

2019 年 3 月 15 日—6 月 5 日,江苏省泰州站雷达均一性评估结果显示"疑误",标准偏差大于 10 dB,相关性小于 0.3,严重超标,如图 2.21 所示。

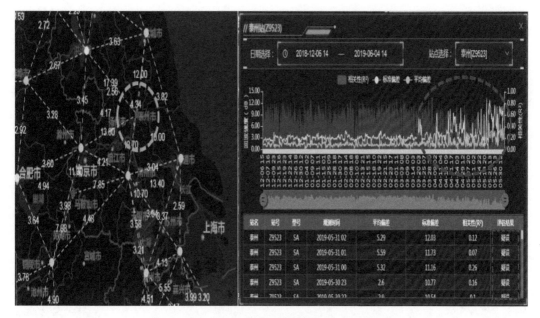

图 2.21　泰州站雷达维修前均一性结果

（2）分析方法

根据疑误信息,台站技术员经现场天线控制精度和太阳法测试,天线实际位置和角码显示位置不一致,方位偏差 5°左右。

（3）解决方案

根据定标测试记录,初步怀疑伺服系统故障。现场排查发现方位同步箱联轴节松动,连接不紧实。利用维修工具,上紧同步箱联轴节完成现场调整,根据《天气雷达定标业务规范(试行)》要求,对伺服系统进行相关项目的定标,方位角最大偏差 0.05°,太阳法测试方位角偏差 0.04°,雷达恢复正常。定标后再次对雷达均一性进行评估,平均偏差降低到 1 dB 左右,相关性大于 0.7,评估结果为可信。

2019 年 6 月 6—11 日,江苏省泰州站雷达维修后均一性评估情况如图 2.22 所示。

（4）问题追踪

台站及时关注雷达运行状态,在综合气象观测业务运行信息化平台规范填报故障单,如"故障信息""维修活动""备件申请""换件记录"和"维修定标"等。同时,台站应按照《新一代天气雷达观测规定(第二版)》相关规定,及时开展相应维护工作,对重大故障及时进行总结,并上报上级业务主管与业务保障部门。

2.3.4.2　馈线系统故障,均一性评估结果为"疑误"

（1）案例介绍

2019 年 5 月 17—26 日,内蒙古自治区赤峰站雷达均一性评估结果显示"疑误",标准偏差大于 10 dB,相关性 0.1 左右,严重超标,同相邻的朝阳站雷达均一性评估,标准偏差 11.24 dB,相关性 0.24。2019 年 5 月 19 日,赤峰站和朝阳站雷达维修前回波均一性对比结果如图 2.23 所示。

由图 2.23 可知,反射率因子两条线有一条明显在另一条上面,但是两条线趋势一致,回波三维图上可以看到两站回波结构相似,但是回波颜色其中一部明显低于另一部。此种情况,基

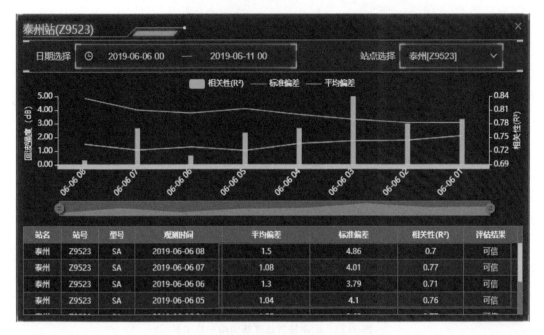

图2.22　泰州站雷达维修后均一性评估结果

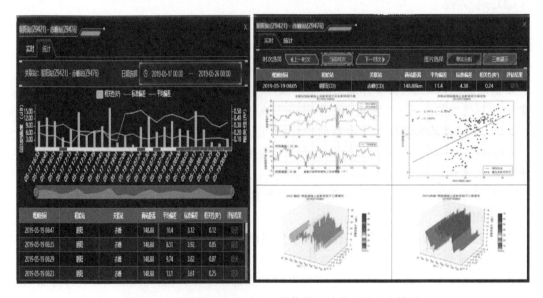

图2.23　赤峰站和朝阳站雷达维修前回波均一性对比结果

本判定为回波强度异常造成。

（2）分析方法

根据疑误信息，初步怀疑是雷达发射系统故障，发射功率偏低造成。雷达机内反射率标定标发现回波强度偏弱10 dB，检查性能参数，发射机输出功率正常，但天线功率低，逐级检查，发现波导同轴转换器损坏。

（3）解决方案

现场更换波导同轴转换器，并对雷达重新定标，机内外反射率定标最大差值0.6 dB。再次对赤峰站和朝阳站雷达进行均一性评估,平均偏差降低到 1 dB 左右,相关性大于 0.6。2019 年 5 月 28 日—6 月 5 日赤峰站和朝阳站雷达维修后回波均一性对比结果如图 2.24 所示,评估结果为可信。

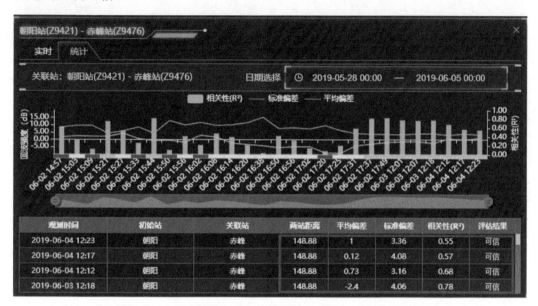

观测时间	初始站	关联站	两站距离	平均偏差	标准偏差	相关性(R²)	评估结果
2019-06-04 12:23	朝阳	赤峰	148.88	1	3.36	0.55	可信
2019-06-04 12:17	朝阳	赤峰	148.88	0.12	4.08	0.57	可信
2019-06-04 12:12	朝阳	赤峰	148.88	0.73	3.16	0.68	可信
2019-06-03 12:18	朝阳	赤峰	148.88	-2.4	4.06	0.78	可信

图 2.24 赤峰站和朝阳站雷达维修后回波均一性对比结果

(4)问题追踪

台站及时关注雷达运行状态,按照《天气雷达定标业务规范(试行)》和《新一代天气雷达观测规定(第二版)》相关规定,及时开展相应维护和定标工作,并在综合气象观测业务运行信息化平台规范填报维护单,如"维护项""定标项""备件申请""换件记录"和"调整定标"等。

2.3.4.3 其他原因,均一性评估结果疑误

(1)案例介绍

2021 年 9 月江苏省南通站和盐城站雷达均一性较好,相关性较好,平均偏差和标准偏差较低,如图 2.25 所示。

2021 年 10 月 20 日,两站均一性对比情况分析,平均偏差 0.2 dB、标准偏差 2.06 dB、相关性 R^2 达到 0.94。10 月 20 日江苏省南通站和盐城站雷达均一性对比结果如图 2.26 所示。

2021 年 10 月 14 日 23—24 时两站均一性状况较差,标准偏差均超 10 dB、相关性小于 0.15。10 月 14 日 23—24 时江苏省南通站和盐城站雷达均一性对比结果如图 2.27 所示。

(2)分析方法

根据天衡系统疑误信息统计查询,南通站和盐城站均一性较差持续时间较短,约为 1 h。雷达运行状态正常,数据无误。通过第三站均一性对比,排查原因。

(3)解决方案

南通站和盐城站分别与相邻的泰州站进行均一性评估,发现南通站与泰州站,盐城站与泰州站雷达均一性均较好。2021 年 10 月 14 日 23—24 时江苏省泰州站和盐城站雷达均一性对比结果如图 2.28 和图 2.29 所示。

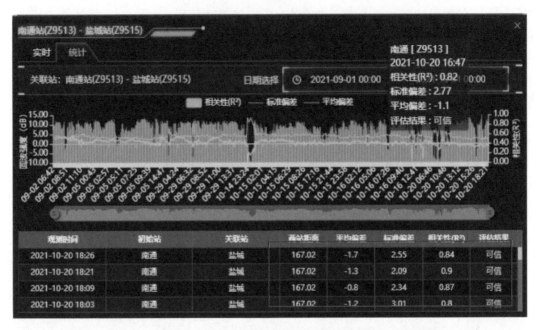

图 2.25　2021 年 9—10 月南通站和盐城站雷达均一性对比结果

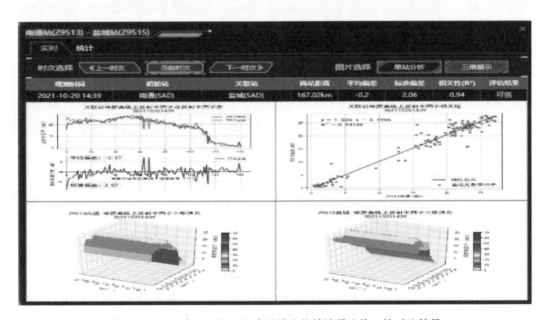

图 2.26　2021 年 10 月 20 日南通站和盐城站雷达均一性对比结果

　　间隔几个时次重新开展均一性评估,评估结果为可信。2021 年 10 月 16 日江苏省泰州站和南通站雷达实时均一性对比结果如图 2.30 所示。

　　综上所述,南通和盐城两站之间均一性状况,以及两站与周边站的均一性状况均较好,偶有均一性较差的情况可能为阻挡或者大气折射等原因造成。

　　(4)问题追踪

　　台站需及时关注雷达运行状态。根据《天气雷达定标业务规范(试行)》和《新一代天气雷

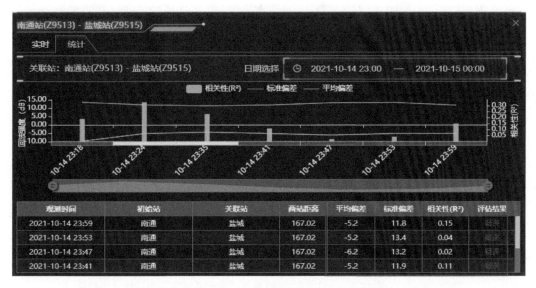

图 2.27　2021 年 10 月 14 日 23—24 时南通站和盐城站雷达均一性对比结果

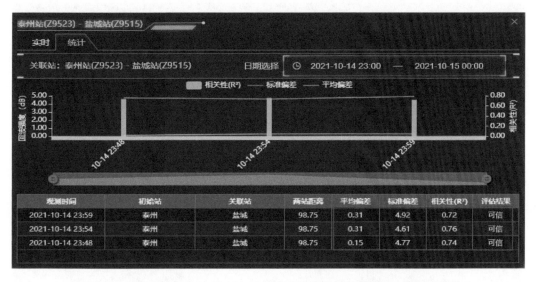

图 2.28　2021 年 10 月 14 日 23—24 时泰州站和盐城站雷达均一性对比结果

达观测规定(第二版)》等相关规定,及时做好周、月、巡检和年维护工作,在维护过程中,对定标项进行定标。

2.3.4.4　定标异常,均一性评估可疑

(1)案例介绍

2020 年 7—8 月,湖南省常德站雷达均一性评估结果显示"可疑",其回波强度较长沙站雷达回波强度持续偏弱,平均偏差约 3~5 dB。2020 年 7—8 月湖南省常德站雷达定标前均一性结果如图 2.31 所示。

(2)分析方法

根据天衡系统质控可疑信息,初步怀疑雷达发射系统和天伺系统故障,导致回波强度偏

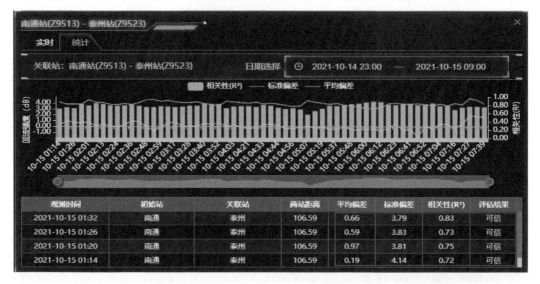

图 2.29　2021 年 10 月 14 日 23—24 时泰州站和南通站雷达均一性对比结果

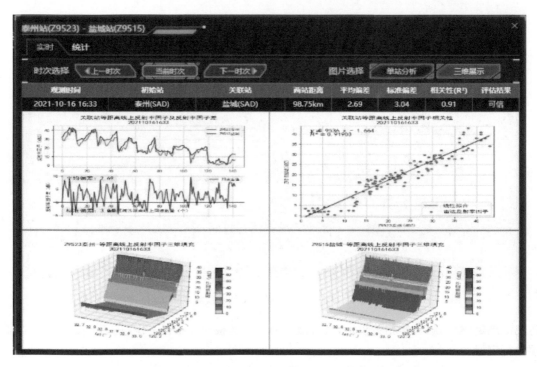

图 2.30　2021 年 10 月 16 日泰州站和南通站雷达实时均一性对比结果

弱,并结合周、月维护定标情况,分析雷达异常原因。

(3)解决方案

针对常德站雷达回波偏弱的情况,8 月 5 日,台站技术人员首先从馈系统进行排查,未发现旋转关节、同轴转换器等部位存在漏气现象。利用雷达测试仪表进行机内外测试定标,发现回波强度定标异常,修改雷达适配参数,均一性评估结果由可疑变为可信,平均偏差降低到 1 dB 左右,相关性大于 0.7,8 月 6—20 日湖南省常德站雷达定标后均一性结果如图 2.32 所示。

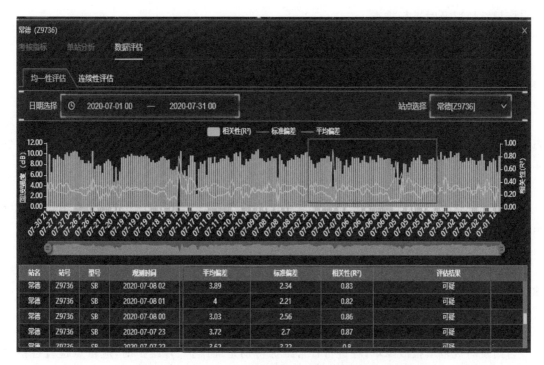

图 2.31　2020 年 7—8 月常德站雷达定标前均一性结果

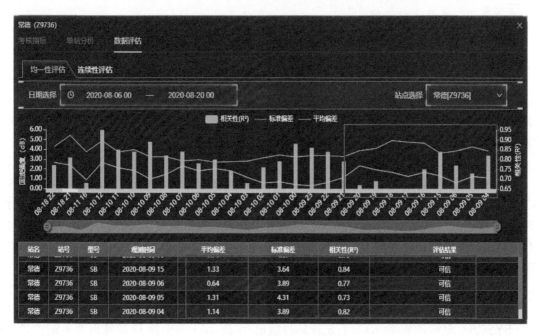

图 2.32　2020 年 8 月 6—20 日常德站雷达定标后均一性结果

（4）问题追踪

台站及时关注雷达运行状态，按照《天气雷达定标业务规范（试行）》和《新一代天气雷达观测规定（第二版）》相关规定，及时开展相应维护和定标工作，并在综合气象观测业务运行信息化平台规范填报维护单，如"维护项""定标项""备件申请""换件记录"和"调整定标"等。同时，对定标异常情况及时进行排查。

2.3.5　其他故障

2.3.5.1　发射系统故障

（1）案例介绍

2021 年 1 月 20 日，天衡系统发现山东省荣成站雷达质控前后数据缺失，雷达处于停机状态。经现场查看发射机告警，告警信息分别为发射机不可操作、线性通道射频激励测试信号变坏和发射机/DAU 接口故障。

（2）分析方法

根据故障报警信息，对雷达发射系统供电进行检查，怀疑供电电压不稳，偶有电压过高现象导致灯丝电源短路、后校平组件烧坏，触发器组件保险丝烧坏。

（3）解决方案

现场查看后发现：充电校平 3A8 部件老化损坏，导致 220 V 电压不稳，进一步引起灯丝电源短路、3A11 保险丝烧断。更换后校平组件、灯丝电源以及触发器组件保险丝后，对雷达供电 220 V 进行检查正常后，雷达正常开机，故障排除。

（4）问题追踪

台站及时规范填报故障单，在进行日常维护特别是周维护、月维护时，应重点检查各接口线外露的焊点是否有裂痕，外包绝缘胶套是否老化。

2.3.5.2　接收系统故障

案例一：接收机接口板故障

（1）案例介绍

2019 年 3 月 10 日，山东省烟台站新一代天气雷达接收机系统噪声超标，实测 A/D 前噪声系数 2.6 dB（指标：1.8 dB），系统噪声温度未超标。依据噪声实测值，通过软件调整 RDASC 适配数据 R35 后，系统噪声温度超标并频繁报警"SYSTEM NOISE TEMP-MAINT REQUIRED"，报警时噪声温度一般升高到 750 K 左右（指标：≤438 K）。

（2）分析方法

根据故障报警，初步对 RDA 适配数据进行调整，R35（RF NOISE TEST SIGNAL ENR AT A22J4）值由 67 dB 调为 65 dB，目的以减少噪声温度报警的出现。调整后噪声温度由 750 K 下降到 300 K 左右，噪声温度虽然在正常范围内但数据波动范围很大，多次调整效果依旧，根据经验判断噪声温度与噪声源有直接关系，怀疑噪声源故障，但更换噪声源后无任何反应，至此判断接收机主通道出现问题。

（3）解决方案

采用在线 RDASC 平台进行系统自动定标，无定标结果输出，但采用离线 RDASOT 平台进行 SYSCAL 定标，CW 和 RFD 有定标结果输出；实测 4A1 频率源 J3 口输出功率正常，检测 4A24 二位开关 J2 口输出功率时有时无，怀疑二位 4A24 二位开关损坏，但更换后依然如此，随后换回。4A24 的 J2 口输出功率时有时无，同时检测 4A22 四位开关及 4A23 输出也出现时有时无的情况，但其源头的频率源输出正常，那么出现问题应该在频率源及二位开关之间的环节中，再结合前述现象中系统在线标定错误而系统离线标定有时正常有时错误，表明信号在传输过程中出现问题，造成控制信号不能自动切换。分析信号流程，机内选择 CW

测试信号,经 HSP 板发出 IF Gate 信号(高电平),经 5A16 信处 I/O 转接盒与 W17 电缆连接到 4A32 接收机接口板。用示波器测试 4A32 的 J7 输出的控制信号,发现信号不正常,CW 测试信号不能自动切换输出,更换 4A32 接收机接口板,动态范围曲线恢复正常,此时动态范围值为 88 dB 左右,用频谱仪测试 A/D 前噪声系数为 1.7 dB 左右,恢复正常,再换回旧的 4A32,故障重现。确定此次故障由 4A32 接收机接口板工作不正常,发送的控制信号异常所导致。

(4)问题追踪

台站及时规范填报故障单,在进行日常维护,特别是月维护时,应重点检查各接口线外露的焊点是否有裂痕,外包绝缘胶套是否老化。

案例二:高速采集模块故障

(1)案例介绍

2014 年 8 月 12 日,烟台站新一代天气雷达在运行中 RDASC 显示的地物滤波前后均为正值,并出现"LIN CHAN GAIN CAL CONSTANT DEGRADED"(线性通道增益标定常数变坏)"LIN CHAN RF DRIVE TST SIGNAL DEGRADED"(线性通道射频激励测试信号变坏)和"LIN CHAN CLUTTER REJECTION DEGRADED"(线性通道杂波抑制变坏)等报警信息,CW、RFD、杂波抑制值等标定数据均超标。在出现故障报警时,雷达发射机输出功率正常、伺服系统运转正常,但雷达地物杂波抑制变差,地物滤波后的功率不稳定,以致回波强度受到很大干扰。通过软件参数调整和采样点修改,重新标定雷达系统,故障仍无法排除。然后将接收机重新启动,再次标定,故障依旧。

(2)分析方法

打开计算机 RDASOT 软件,开启 Signal Test 的 Receiver 接收机测试平台,勾选"Front End""RF TEST""CW Test"选项,用功率计分别测试 4A1 频率源 J3 口输出,2A3 接收机保护器的 J1 输入、J3 输出,无源二极管限幅器 J2 输出和 2A4 低噪声放大器 J2 输出,4A5 混频/前置中放的 J1 输入、J3 输出,通过测量各元器件输入输出功率正常;用 RDASOT 软件测试,测得滤波前为 50 dB 左右,滤波后在 2~25 dB 不稳定变化,且滤波后在各采样点下均为正值;由于前述接收机主通道各主要部件输入输出功率正常,此时怀疑接收机另一个关键器件 4A52A/D 高速采集模块是否故障。由于 4A52A/D 高速采集模块的 J1 输出为光信号,台站无法测试检查,拆开 4A52A/D 高速采集模块上盖板,在确保接收机正常供电时,发现 4A52A/D 高速采集模块的输出指示灯不亮。

(3)解决方案

分析判断故障点在 4A52A/D 高速采集模块上。更换备件 4A52A/D 高速采集模块后,经过软件修改雷达适配参数后,重新启动雷达,无报警信息,雷达运行正常,各项数据指标符合要求。

(4)问题追踪

台站及时关注雷达运行状态。同时在综合气象观测业务运行信息化平台规范填报故障单,如"故障信息""维修活动""备件申请""换件记录"和"维修定标"等。同时台站按照《新一代天气雷达观测规定(第二版)》相关规定,及时开展相应维护工作,对重大故障进行总结,并上报上级业务主管与业务保障部门。

2.3.5.3　伺服系统故障

案例一：天线不可控故障

（1）案例介绍

2022年3月12日，天衡系统发现山东省济南站雷达质控前后数据缺失，发现雷达停机。经现场查看天线方位10°以内能准确定位，超过10°天线不受控。

（2）分析方法

根据故障告警信息，初步怀疑上下光纤板、轴角盒或同步箱故障。

（3）解决方案

现场进行天线控制精度测试，发现俯仰正常。人工推动天线进行角码检查，发现角码与天线实际位置不同步，初步断定同步箱故障，更换同步箱后，重新对雷达控制精度和太阳法定标，雷达恢复正常。

（4）问题追踪

台站及时关注雷达运行状态。在综合气象观测业务运行信息化平台规范填报故障单，如"故障信息""维修活动""备件申请""换件记录"和"维修定标"等。台站应按照《新一代天气雷达观测规定（第二版）》相关规定，及时开展相应维护工作，对重大故障进行总结，并上报上级业务主管与业务保障部门。

案例二：天线死限位和接收通道故障

（1）案例介绍

2021年9月20日，天衡系统发现山东省临沂站雷达质控前后数据缺失，发现雷达停机。经现场查看测试，天线仰角定位在26°，方位正常，雷达出现仰角—限位—正常限位、仰角死限位、天线座无法停在停放位置、线性通道增益标定常数变坏和发射机故障恢复循环等报警信息。

（2）分析方法

根据故障告警信息，初步怀疑轴角盒、接收通道和上下光纤板故障。

（3）解决方案

技术人员到达现场，对动态范围、发射率和天线控制精度进行标定，测试结果动态范围16 dB，发射率最大差值32 dB，天线不受控。现场测试频率源输出性能指标符合要求，接收器保护器异常，发现接收机保护器驱动模块故障，现场更换后，线性通道告警信息消除。更换上光纤板，俯仰可控，但存在闪码情况，再更换轴角盒，天线控制正常。再次对雷达接收系统、天线控制精度和太阳法定标，雷达性能指标符合要求，雷达故障排除。

（4）问题追踪

台站及时关注雷达运行状态。在综合气象观测业务运行信息化平台规范填报故障单，如"故障信息""维修活动""备件申请""换件记录"和"维修定标"等。台站应按照《新一代天气雷达观测规定（第二版）》相关规定，及时开展相应维护工作，对重大故障进行总结，并上报上级业务主管与业务保障部门。

第 3 章　地面气象观测

3.1　分析方法

地面周报数据质量问题站点评价指标包括:置信度、O-B 评估和异常频次等。

3.1.1　置信度

在 MDOS 质控为正确的基础上,利用多源观测相互校验识别降水异常站点,并以置信度和质量标识表示。人工诊断分析时借助天气雷达回波、实况降水、相邻站以及要素协同一致性、维护单等信息进行综合评判、核实。

可疑资料综合分析评价:55≤综合置信度<70,综合评估结果为"可疑";综合置信度≥70,综合评估结果为"错误"。若综合评估结果为"可疑"或"错误",在天衡系统降水异常事件管理反馈中确定是设备故障、人为误操作、融雪性滞后降水或其他原因引起的降水数据异常。

3.1.2　O-B 评估

利用 CMA-GFS 背景场资料与地面观测本站气压数据进行时空匹配对比,计算并分析相互之间的 O-B 标准偏差,对观测与模式趋势一致性对比,如某站本站气压标准差大于 6 hPa(暂定标准),O-B 评估结果显示"疑误"。具体计算方法如下:

O-B 标准偏差,观测与模式偏差取值与其平均值的偏离程度,记为 s。

$$s = \left[\frac{1}{n-1} \sum_{i=1}^{n} (x_i - \bar{x})^2 \right]^{\frac{1}{2}} \tag{3.1}$$

式(3.1)中:假定观测与模式偏差(x)为服从正态分布的随机变量,n 为随机变量的个数。

数据质量问题评价标准:①对于设备老化站点、设备故障且超过 3 个月未改进的长期可疑站点,不再进行该项分析。②气压标准偏差大于 6 hPa(现行标准)且异常频次超过 10 的站点,按照偏差从大到小的顺序核查对应的观测模式时间序列图,综合判定为问题站点(目前只输出问题较为严重的站点,后续将视应用情况调低判别阈值)。

3.2　问题原因

降水、气压、风向、风速等数据异常质量问题由设备故障、维护维修等人为误操作、融雪性滞后降水、数据异常偏移、传感器卡滞、传感器冻结或其他原因引起。

3.3　案例分析

打开综合气象观测数据质量控制系统,点击标题区系统标识或"主页"按钮,再将鼠标移到

"快速切换区"→"观测设备切换区"的"当前设备"图标上,点击浮窗上"国家地面站"图标,即可显示国家地面站的实时质量监控页面。查看右侧"信息统计"情况,点击"可疑",页面过滤保留可疑站点,在"国家地面站质量监视情况"图上对准可疑站点(黄色站点),即可出现相关信息。

3.3.1 降水质量改进案例

3.3.1.1 人为误操作导致异常降水数据上传

(1)案例介绍

2021年9月12日11—15时,江苏省南京市挹江门街道站综合评估结果降水置信度判别为疑误连续出现5次异常事件告警信息,但MDOS质控结果为"正确",经核实雨量异常数据为绿化工作造成的降水野值。如图3.1所示。

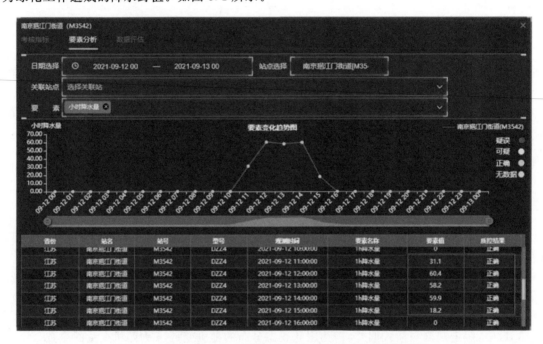

图3.1 挹江门街道站人为误操作(浇水等)导致异常数据上传

(2)分析方法

2021年9月12日11—15时,通过空间一致性检查和多源数据校验发现南京市挹江门街道站数据异常报警,如图3.2所示。

空间一致性检查:利用南京市挹江门街道站周边的相邻站点同时段降水数据与其对比,分别选取南京市中央门街道站、南京市玄武湖站、南京市北极阁站、南京市凤凰花园城站4个相邻站点,发现在该时间段内区域站均无降水。

时间一致性检查:南京挹江门街道站的降水量异常出现时间持续了5 h,该时段前后均无降水,且邻近站点全天时段均无降水。

多源数据校验:该时段内雷达预估降水量为0.0 mm,模式反演的实况降水为0.0 mm,该站记录的小时雨强达18~60 mm的天气实况,在雷达探测范围内却没有明显雷达回波相匹配,说明该时段内无强降水生成。

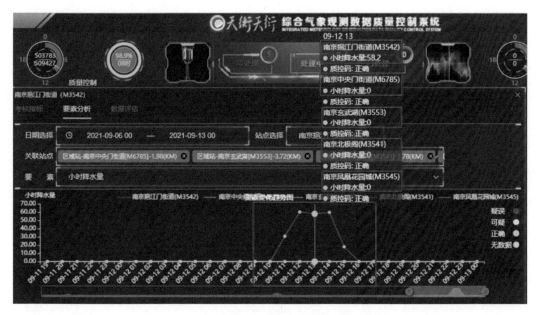

图 3.2　挹江门街道站多源数据校验

（3）解决方案

省级业务人员通过系统分析判定南京市挹江门街道站降水为异常降水，可能存在人为误操作或者设备故障导致产生异常降水。业务人员现场核查发现站点地处校园内，校园绿化工作人员在浇灌草坪时，水不慎落入雨量传感器内产生了错误数据。故将南京市挹江门街道站2021 年 9 月 12 日 11—15 时的时段内降水量数据按"无降水"作质控处理。

（4）问题追踪

业务人员与校方沟通，后续进行草坪灌溉工作前，先将雨量传感器加盖处理，待浇灌结束后再将盖子取下。如出现类似降水数据异常，可根据天气实况判断，必要时可通过乡镇协理员进一步确认。

3.3.1.2　维护维修期间导致异常降水数据上传

（1）案例介绍

2021 年 10 月 17 日 10 时，河南省上蔡县东岸站小时雨量 14.6 mm。经核实，异常数据为开展雨量筒维护维修操作不当导致的野值，如图 3.3 所示。

（2）分析方法

空间一致性检查：利用上蔡县东岸站站相邻站点同时段降水数据与其对比，分别选取上菜韩寨站、商水白寺站 2 个相邻站点，发现在该时间段内区域站均无降水。

时间一致性检查：分析 2021 年 10 月 16—17 日期间的降水量数据，河南省上蔡县东岸站仅在 9—10 时有 14.6 mm 的小时雨量，其他时段均无降水。邻近站全天未出现降水。

多源数据校验：该时段没有天气雷达组合反射率回波相匹配，故时段内实况分析场小时雨量为 0.0 mm。

综上所述，综合置信度为 60，综合评估结果为"可疑"。

（3）解决方案

产生异常降水的原因是业务人员清洁维护雨量传感器期间未断开传感器至采集器之间的

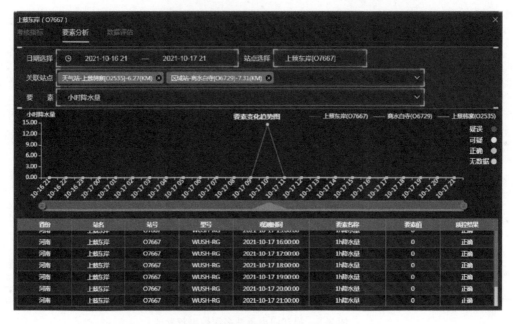

图 3.3　东岸站维护维修期间降水异常数据上传示例

通讯,造成了维护期间的降水野值上传。需进行人工质控,剔除降水野值。

(4)问题追踪

选择维护维修时机:台站需选择天气比较好的时段进行雨量传感器维护,应急响应或其他特别工作状态下,可"及时"开展维修。

规范设备维护操作:①国家级地面气象观测站维护维修前,应断开传感器至降水多传感器标准控制器之间的信号线,用电工胶布将其包扎,以防止两者之间接触而产生的降水脉冲,也可以直接将降水多传感器标准控制器上的雨量端子拔掉。②非国家级地面气象观测站维护维修前,应断开传感器至采集器之间的信号线,也可以直接将采集器上的雨量端子拔掉。完成维护维修后,及时把通讯恢复。

维修完成后的留痕记录:故障排除后,及时在天元等相关系统平台里填写、上传故障单和维护维修单,便于溯源。质控人员也可通过相关系统平台获取到数据的维护维修等元数据信息。

3.3.1.3　融雪性滞后降水导致异常数据上传

(1)案例介绍

2022 年 2 月 3 日 12—16 时,湖南省张家界市永定区姚家界站出现融雪性滞后降水,如图 3.4、图 3.5、图 3.6 所示。

(2)分析方法

内部一致性检查:将该时段"小时降水量""气温""极大风速风向"叠加对比变化趋势。2022 年 2 月 3 日 8—13 时的气温从 −4.2 ℃上升到 3.1 ℃,气温跨过了冰的融点,持续上升,且出现"降水"野值的时间与气温回升到 0 ℃以上的时间一致,有较好的相关性。

空间一致性检查:2022 年 2 月 3 日 12—15 时,湖南省姚家界站小时降雨量分别为 0.9 mm、2.3 mm、2.4 mm、0.7 mm,邻近站点永定区天门山站,2 月 3 日 11—13 时的小时降雨量分别为 0.7 mm、1.6 mm、0.1 mm,同一时段多个区域自动站出现降水。

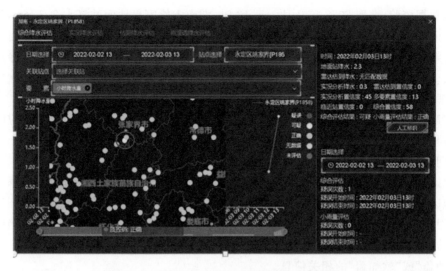

图 3.4　融雪性滞后降水异常数据上传示例 1

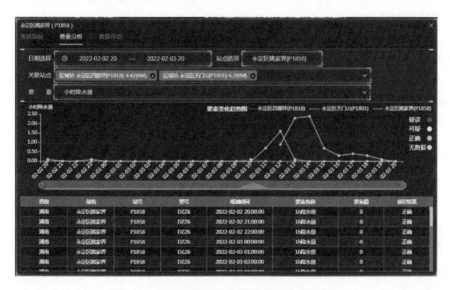

图 3.5　融雪性滞后降水异常数据上传示例 2

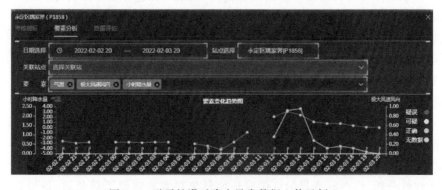

图 3.6　融雪性滞后降水异常数据上传示例 3

多源数据校验:选取 2022 年 2 月 3 日 13 时,湖南省姚家界地面站降水 2.3 mm,该区域附件雷达无回波,雷达估测降水无匹配数据,综合置信度 58,质量标识"可疑",反查相邻国家级台站的前期降水类天气现象数据,出现了降雪天气。综合分析,该雨量值为融雪性滞后降水可能性很大。

(3)解决方案

经省局核实,该时段内的降水量为融雪性滞后降水数据,如图 3.4 所示。将相应时段内的数据的质量标识修改为"无降水观测任务",雨量数据仍保留。

(4)问题追踪

结冰期长的省(区、市),冬季将所有台站的翻斗式雨量传感器承水口加盖。冬季出现雨雪交替的地区,国家级地面气象观测站和省级气象观测站,在使用翻斗式雨量传感器开展降水观测时,应根据本省(区、市)天气预报结论,及时发布启用和解除"软加盖"的指令,杜绝固态降水过程中出现不真实观测数据和融雪过程中滞后性降水等失真情况,并在相关的维护维修单中体现"硬加盖"或"软加盖"的相关信息。

注:"软加盖"是指由省级业务部门在 MDOS 平台上对降水量数据进行质量控制,在降水量观测数据后增加质控码,表示"无降水观测任务",该数据不可用。

冬季,台站需密切关注降水预报,加强观测与预报联动响应,根据预报及时通知省级业务部门启用和解除"软加盖",杜绝降雪过程中出现不真实观测数据和融雪过程中出现滞后降水等现象。台站应及时填写故障单、维护维修单。对于观测要素比较多的国家级地面气象观测站,出现融雪性滞后降水可以通过查看其地面温度的变化规律进一步确定融雪情况。一般来说,发生融雪时地面温度会长时间保持 0 ℃左右不变。

3.3.1.4　降水量超出气候界限值

(1)案例介绍

2020 年 10 月 28 日,广西壮族自治区贺州市昭平县凤凰站出现了分钟雨量达 500 mm 的降水。

(2)分析方法

界限值检查:根据相关业务规范,降水强度的界限值范围为 0～40 mm/min,而观测值达 500 mm/min,远远超出了界限值。

(3)解决方案

可通过人工质控将错误的质量控制码标记为"错误",并进行故障排查,填写相关表单。

(4)问题追踪

出现超出气象要素界限值的情况时,如同一时刻的其他要素值均为正常,一般可定性为相应气象要素数据异常或传感器故障等,及时进行设备维护维修。

3.3.1.5　出现降水天气过程,但长时间无降水量

(1)案例介绍

2020 年 8 月 5 日,广西壮族自治区北海市海城区涠洲岛站出现了较长时段的降水类天气现象,但降水量为 0 mm。

(2)分析方法

空间一致性分析:广西壮族自治区国家地面气象观测站建设了双套站,备份站有降水量,而主站无降水量。由于涠洲岛站的地理位置比较特殊,距离该站最近的站点(北海市银海区侨

港镇亚平站)在 43 km 以上,进行空间一致性分析的必要性不大,以其他分析方法为主。

内部一致性分析:涠洲岛站为国家级地面气象观测站,观测要素较多。一是降水类天气现象传感器返回了较长时间的降水现象(雨);二是通过北海站天气雷达的回波特征,在涠洲岛一带均有雷达回波产生。

(3)解决方案

台站需对主站雨量传感器进行检查,并按照业务规定对相关数据进行处理。

(4)问题追踪

涠洲岛站为单温单雨站,2020 年 8 月 5 日业务人员进行故障排查时断开主采的端子,利用万用表的通断档测量故障的雨量传感器计数正常。雨量传感器接线端子接入主采后,雨量通道电压由 4.9 V 降至 1.9 V,进一步确定为雨量传感器损坏,更换雨量传感器后恢复正常。台站将备份站的雨量数据录入到现用站中,并修改相应的天气现象编码后上传,并及时填报维护维修单。

3.3.2　气压质量改进案例

3.3.2.1　设备故障导致本站气压数据跳变

(1)案例介绍

2021 年 11 月 9 日—12 月 5 日,云南省中屯站本站气压数据时有时无,时间连续性差,且在短时间内出现明显跳变,如 2021 年 11 月 9 日 14 时的本站气压观测值为 881.90 hPa,16 时本站气压为 918.50 hPa,如图 3.7 所示。

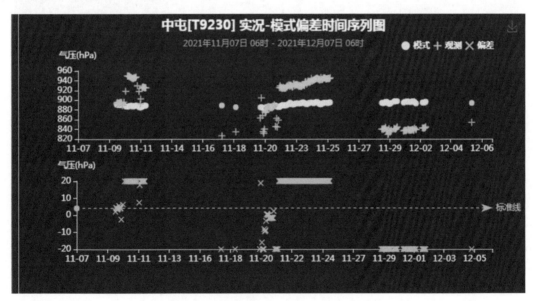

图 3.7　中屯站本站气压数据跳变示例

(2)分析方法

O-B 评估:本站气压观测值与模式值相差较大,且变化趋势的一致性低。例如,2021 年 11 月 10 日 14 时的气压观测值为 881.90 hPa,模式值为 899.11 hPa,偏差−17.21 hPa;16 时本站气压观测值为 918.90 hPa,模式值为 897.31 hPa,偏差为+21.59 hPa(天衡系统中,气压偏差绝对值超出 20 hPa 的,均以 20 hPa 为标识)。

时间一致性分析:本站气压连续 2 h 最大变化幅度值为 10 hPa 而 14—16 时气压变化值为 36.60 hPa,超出最大允许变化范围,无法通过时间一致性检查。

综上所述,本站气压数据时间连续性差且跳变明显,综合评估结果为"设备故障"。

(3)解决方案

建议台站检查设备是否存在故障,并及时开展维护维修,如更换气压传感器等。

(4)问题追踪

维修或更换气压传感器后,进一步分析气压与模式观测值的偏差对比,以及分钟、小时变化幅度的情况。

3.3.2.2　传感器老化导致本站气压漂移

(1)案例介绍

2022 年 5 月下旬起,广西壮族自治区田东县那拔站本站气压出现数据异常偏低,气压传感器观测值与模式气压值的偏差越来越大,如图 3.8 所示。

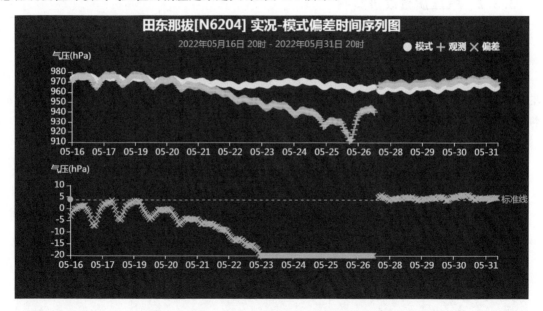

图 3.8　田东县那拔站本站气压出现异常偏低示例

(2)分析方法

时间一致性分析:2022 年 5 月 25 日 15 时本站气压值为 911.70 hPa,前后时次的本站气压值小时值跳变较大。而 20—25 日本站气压逐渐向低值区漂移,通过时间一致性分析发现本站气压有明显的日变化,且呈双峰双谷特征,但前期漂移小。单纯通过时间一致性难以分析出20—25 日本站气压变化是否异常。

O-B 评估:2022 年 5 月 20 日以前,本站气压观测值与模式值相差较小,偏差值在 0 hPa 上下波动。2022 年 5 月 20 日以后,本站气压开始低于模式值气压值,随着时间的推移,气压传感器的观测值与模式的气压值偏差逐渐增大。

空间一致性分析:异常站点广西壮族自治区田东县那拔站的海拔高度为 326.0 m,选取附近海拔高度相当的站点,田东朔良站的海拔高度为 305.0 m,田东印茶 N6114 站的海拔高度为

340.0 m,经比对分析发现异常站点的本站气压偏低明显。

综上所述:单一从时间一致性作分析,无法反应出天气过程的影响。通过空间一致性对邻近站点的本站气压进行分析,同时结合 O-B 分析判定,2022 年 5 月下旬,广西壮族自治区田东县那拔 N6204 站综合评估结果为"设备故障""数据异常偏移"。

(3)解决方案

本站气压异常时,建议台站核实后依据相关业务规定,对气压传感器开展标定或更换气压传感器。

(4)问题追踪

2022 年 5 月 25 日,台站接到反馈信息后及时组织开展设备故障排查,于 27 日 16 时更换了气压传感器,本站气压恢复正常。

3.3.3　积雪质量改进案例

3.3.3.1　雪深数据填报错误导致异常

(1)案例介绍

2021 年 11 月 9 日,黑龙江省安达站雪深在短时间内出现了大幅度的跳变,具体情况:9 日 5—11 时,雪深要素逐小时的观测值分别为 30 cm、30 cm、30 cm、30 cm、0 cm、0 cm、30 cm;14 时、17 时、20 时观测到的雪深分别为 30 cm、0 cm、32 cm。如图 3.9 所示。

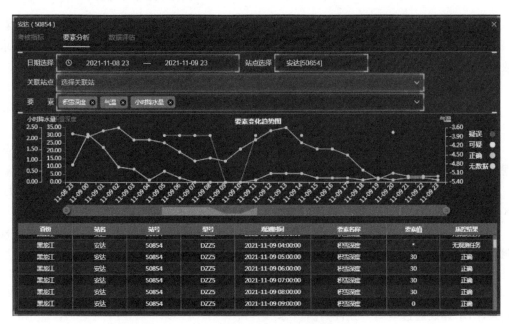

图 3.9　黑龙江省安达站积雪深度填报异常

2022 年 2 月 13 日,湖北省金沙站雪深在短时间内出现了大幅度的跳变,具体情况:13 日 8 时、14 时的雪深要素观测值均为 80 cm,而邻近时次的观测值均为 0 cm,如图 3.10 所示。

(2)分析方法

观测方式分析:雪深观测属于省局自定观测项目,其观测方式由省级气象局根据气候分布、业务服务需求自行确定,可根据预报服务需求自行开展。雪深包括 2 种观测方式。2021

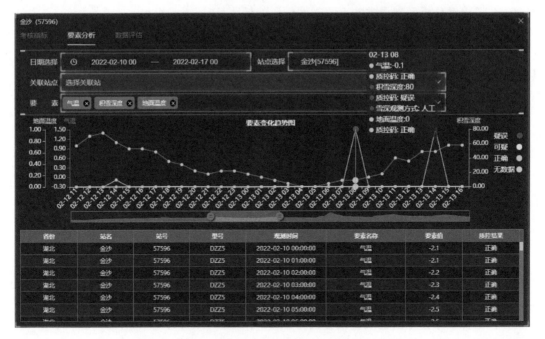

图 3.10　金沙站积雪深度填报异常

年 11 月 9 日 4 时安达站的观测要素值为"＊",质控码为"7"(无观测任务),且并非每小时都有雪深观测值,初步判断安达站和金沙站的雪深采用人工观测方式,数据录入格式不符合要求导致数据异常。

时间一致性分析:1 h 内,安达站雪深在 30 cm 与 0 cm 两个值之间跳变,金沙站雪深出现 80 cm 和 0 cm 的间断性跳变。通过雪深变化来看,短时间内不可能出现如此大的融雪或积雪的跳变。

内部一致性分析:雪深的变化趋势,与气温、降雪量的变化存在一定的规律。安达站异常数据时次前后小时降雪量约为 0.4 mm,降雪量不大。2021 年 11 月 9 日 9 时的气温为 −4.7 ℃,直至 13 时气温上升至 −3.6 ℃,4 h 上升了 1.1 ℃,气温回升缓慢。2022 年 2 月 13 日 8 时前后金沙站也并未出现较强的降水。

多源数据校验:国家级地面气象观测站可通过安装的降水类天气现象仪和天气现象视频智能观测仪的识别结果或摄像头拍摄下来的图片进一步识别、检验。重点查看有积雪深度时段是否有"积雪"天气现象出现。

注:雪深观测任务主要在国家地面气象观测站开展,空间分辨率较为稀疏,空间一致性分析效果好,不建议通过空间一致性判断。

(3)解决方案

建议核实雪深观测方式,确认应急加密观测指令要求,对非观测时次的数据进行核实,并对异常数据进行反馈。

(4)问题追踪

核实台站是否启动了应急加密观测,将未开展雪深要素观测时次的数据按"＊"处理,质控码修改为"7"(无观测任务),核实人工录入数据是否正确。

注:ISOS 软件中,空置表示未出现积雪深度,输入"0"表示积雪深度为 0 cm。

3.3.3.2　积雪深度自动观测设备异常

（1）案例介绍

2022 年 2 月 22 日—3 月 9 日，青海省共和站雪深数据多次出现 0 cm 与 1 cm 之间反复跳变的现象，如图 3.11 所示。

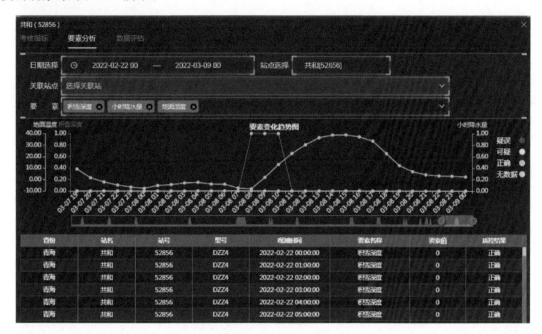

图 3.11　青海共和站积雪深度填报异常

（2）分析方法

观测方式分析：雪深属于省局自定观测项目，其观测方式由省级气象主管机构根据气候分布、业务服务需求、已有业务布局实际以及当地预报服务需求自行开展。雪深观测方式主要分为 2 类，一类是采用雪深自动观测仪进行自动观测；另一类是结合应急加密观测指令任务采用人工观测方式进行观测。

时间一致性分析：在一段时间内，积雪深度数据在 0 cm 和 1 cm 之间跳跃变化。

内部一致性分析：如雪深为 0 cm 或 1 cm，积雪刚形成或消融过程，对应该状态下的地面温度应保持在 0 ℃左右不变。2022 年 3 月 8 日 10 时，青海共和站积雪深度为 1 cm，地面温度为 13.2 ℃，该时间段前后无降水现象，存在明显的前后矛盾，且天气现象并无"积雪"现象与之匹配。

注：青海省共和站采用雪深观测仪进行雪深观测，但国家地面气象观测站的空间分辨较稀疏，空间一致性分析效果偏差。

综上所述，判断为雪深自动观测仪故障引起数据跳变。

（3）解决方案

建议台站对雪深自动观测仪进行维护和检查，重点核查设备下垫面环境状态，并通过系统填写维护维修信息，做好留痕管理。

（4）问题追踪

雪深观测仪的测距原理主要包括超声波测距和激光测距 2 种方式。正式启用前，应先进行设备调试、现场测试,确保设备正常运行,测量性能达到技术指标要求,并将测试结果记录到相关值班日志中。正常使用过程中,尽量保持测距探头的清洁、基准面整洁平整,并定期更换探头内干燥剂。测雪面因踩踏造成破坏时,应及时将测雪面尽可能恢复至与周围雪面状态相同。

3.3.4 相对湿度质量改进案例

(1)案例介绍

2022 年 5 月 12 日 16 时,湖南省湘阴站相对湿度为 79%,最小相对湿度为 0%,2 个气象要素的质控码被标识为"可疑",如图 3.12 所示。

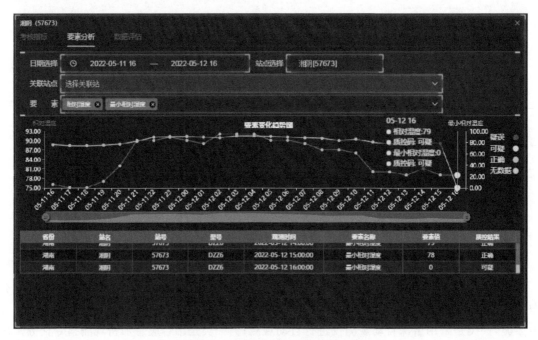

图 3.12 湘阴站相对湿度质控情况

(2)分析方法

时间一致性检查:2022 年 5 月 12 日 15—16 时正点相对湿度均为 79%,最小相对湿度分别为 78%、0%,即 15—16 时某分钟出现了相对湿度为 0%的情况,初步判断该小时内传感器状态出现短暂异常后又恢复正常。

关联设备检查:国家级地面气象观测站的湿度传感器和温度传感器数据均通过 CAN 线传输至主采集器。查询 2022 年 5 月 12 日 16 时正点气温、最高气温、最低气温均正常。

综上所述,相对湿度异常的原因主要包括 CAN 线接线盒或气温多传感器标准控制器至湿度传感器间有故障。

(3)解决方案

湖南省局发现数据异常后,根据时极值异常处理规定,15—16 时极值从本时次正常分钟实有记录和经处理过的正点值中挑取最小相对湿度 78%,更正后的结果如图 3.13 所示。

(4)问题追踪

经核实,相对湿度传感器接触不良,出现 1 min 数据异常,故将该分钟的数据记录为小时

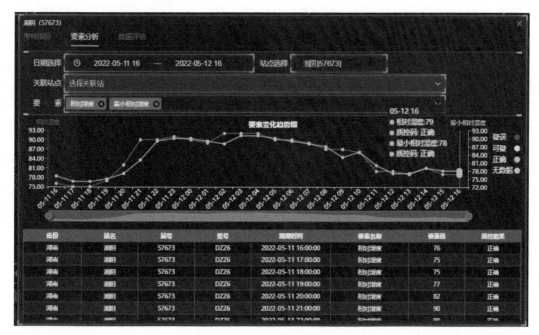

图 3.13 湘阴站更正情况

的最小相对湿度。台站在进行周维护、月维护时,应按要求检查各端子、接口、传感器的接线是否存在接触不良等现象。

3.3.5 气温质量改进案例

(1)案例介绍

2022 年 5 月 12 日 16 时,安徽省湾沚站最低气温质控码为"疑误",如图 3.14 所示。

图 3.14 安徽省湾沚站最低气温质控图

(2)分析方法

2022 年 5 月 11 日—5 月 12 日,安徽省湾沚站最低气温维持在 20.0 ℃左右,5 月 12 日 16 时最低气温跳变至 1 ℃,如图 3.15 所示。

在要素栏选择气温、地面温度等观测要素进行叠加分析,5 月 12 日 16 时气温 21.3 ℃、地面温度 23.3 ℃,时序图变化趋势正常,排除电源故障和通讯故障,初步判断为温度传感器线缆接触不良,数据异常跳变,如图 3.16 所示。

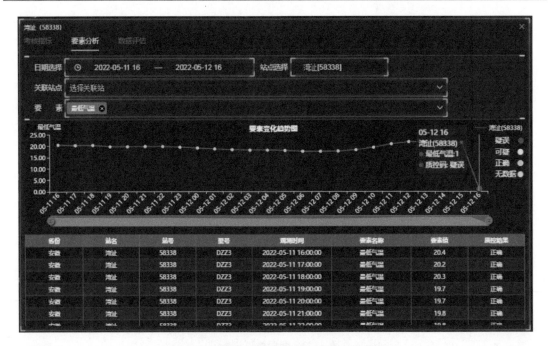

图 3.15　安徽省湾沚站最低气温变化趋势图

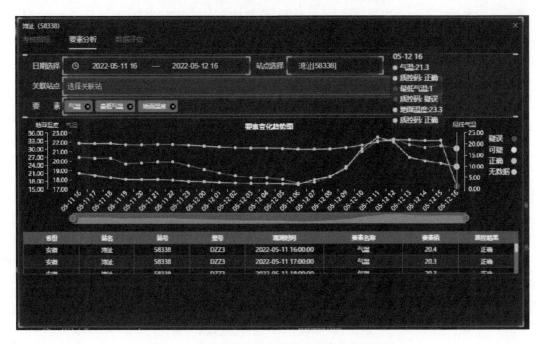

图 3.16　安徽省湾沚站相关取消要素变化趋势图

（3）解决方案

台站发现数据异常后，根据时极值的异常处理规定，从本时次正常分钟实有记录中挑取最低气温 21.2 ℃，编发更正报告，更正数据，如图 3.17 所示。

（4）问题追踪

台站应加强气温传感器的日常维护，并检查线缆接触情况，如频繁出现跳变建议更换气温

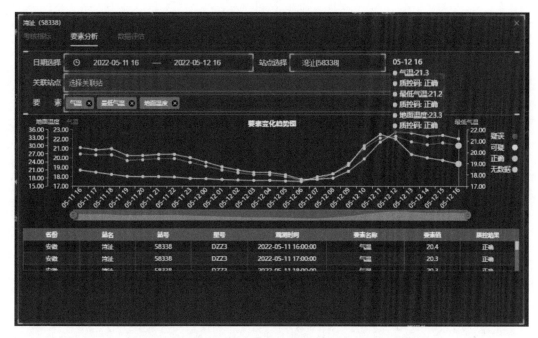

图 3.17　安徽省湾沚站最低气温处理后的变化趋势图

传感器。

3.3.6　地温质量改进案例

（1）案例介绍

2022 年 5 月 6 日 15 时,福建省上杭站地面温度、地面最高温度、地面最低温度质控码为"可疑",如图 3.18 所示。

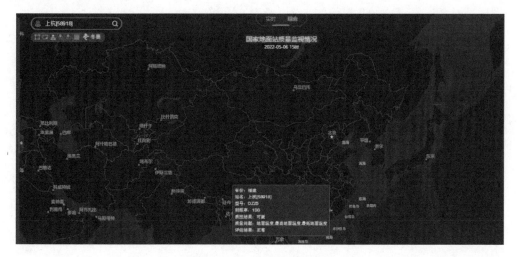

图 3.18　福建省上杭站地温数据质控图

（2）分析方法

5 月 5 日 15 时—5 月 6 日 14 时,福建省上杭站地面温度和地面最高温度时序变化趋势正常,数据维持在 16.0～40.0 ℃区间,16 时地面温度和最高地面温度均突变为 0 ℃,如图 3.19

所示。

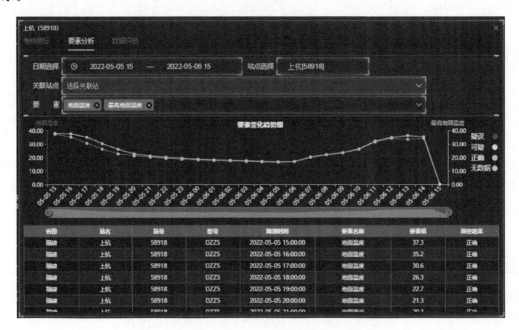

图 3.19　福建省上杭站地温异常变化趋势图

在要素栏选择气温、相对湿度要素,16 时气温为 28.4 ℃、相对湿度为 46%,数据正确,仅为地温数据异常。若浅层地温数据正常可判断为 0 cm 地温传感器故障,若浅层和深层地温数据均不正常,可判断为地温分采故障,如图 3.20 所示。

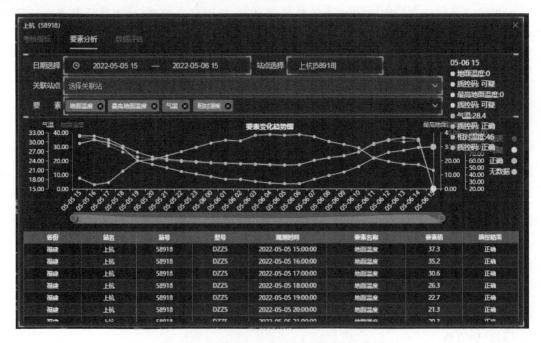

图 3.20　福建省上杭站相关要素变化趋势图

（3）解决方案

2022 年 5 月 6 日 19 时,地面温度恢复正常,16—18 时地面温度数据均缺测,按照异常记录处理原则,15—18 时地面温度用备份站记录代替。时极值从本时次正常分钟实有记录和经处理过的正点值中挑取。

（4）问题追踪

台站需加强设备检查维护维修,对异常数据及时进行处理,并及时填报故障单。

3.3.7　能见度质量改进案例

（1）案例介绍

2022 年 4 月 28 日 18 时,江西省宜春站 10 min 水平能见度、最小能见度观测值为 0 m,被标识为"疑误",如图 3.21 所示。

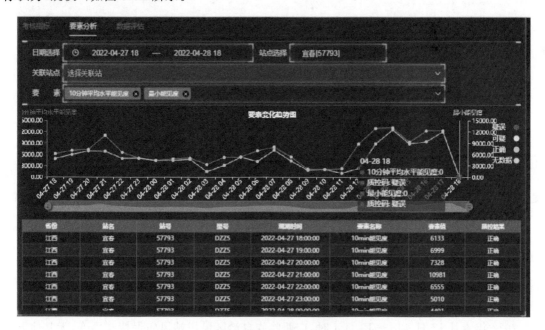

图 3.21　江西省宜春站水平能见度变化趋势图

（2）分析方法

关联检查:能见度通讯接入方式如下:传感器→航插→防雷板→主采 RS232 接口(部分设备在传感器和航插之间还设有能见度的分采集器)。2022 年 4 月 28 日 18 时,江西省宜春站 10 min 平均水平能见度、最小能见度均为 0 m,气温为 23.3 ℃,其他要素均正常,排除主采集器损坏。初步判断为能见度传感器故障、通信线路故障、能见度端子故障。如图 3.22 所示。

能见度输出范围检查:能见度传感器输出的观测值的范围为 10～30000 m,0 m 已超出界限值,传感器接触不良或损坏的可能性大。

（3）解决方案

建议台站对能见度传感器设备进行线缆的检查,必要时可开展现场标校,或更换前向散射能见度仪,并在相关平台填报维护情况。

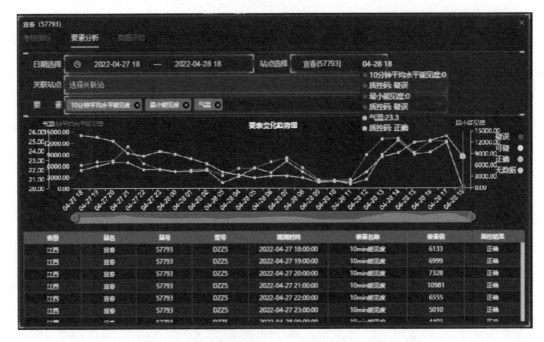

图 3.22　江西省宜春站能见度及气温等要素变化趋势图

（4）问题追踪

按照异常记录处理原则，当能见度设备故障或数据异常，有备份站数据代替时，正点能见度数据可用备份记录代替；若无自动记录代替，按缺测处理。自动观测能见度分钟数据异常，影响时极值的挑取时，时极值按缺测处理。

3.3.8　风向、风速质量改进案例

3.3.8.1　风向较长时间不变

（1）案例介绍

2022 年 4 月 12 日 4 时—13 日 4 时，广西壮族自治区灵川站风向保持 0°不变，无其他方位角数据，如图 3.23 所示。

（2）分析方法

风向长时间不变原因包括：一是风向标转动不灵活、有卡滞，如传感器冻结、轴承旋转不灵活，出现卡滞现象；或格雷码盘上下红外发光二极管有损坏。二是传感器的电源供电出现问题。三是大尺度天气系统影响时间长，造成长时间持续某风向不变。

最小变化率分析：《气象观测资料质量控制 地面》中无"风向最长连续无变化时长"要求，但自然条件下连续 25 h 风向不变的情况发生可能性很小。

灵川站风向出现故障时段，气温为 20 ℃左右，可排除传感器冻结现象发生，如出现供电不足，风向多出现 236°或 239°长时间不变，可排除供电问题。

综上所述，风向传感器故障可能性最大，如图 3.24 所示。

（3）解决方案

台站需及时维护维修风向传感器，并在相应平台备注。

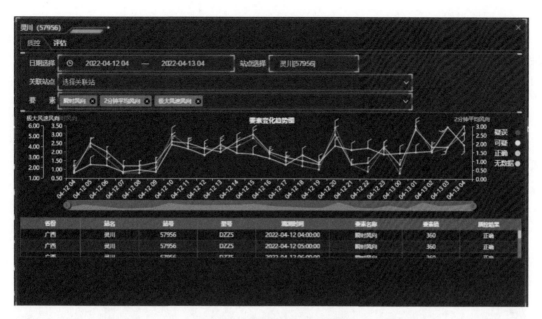

图 3.23 灵川站风向异常质控图

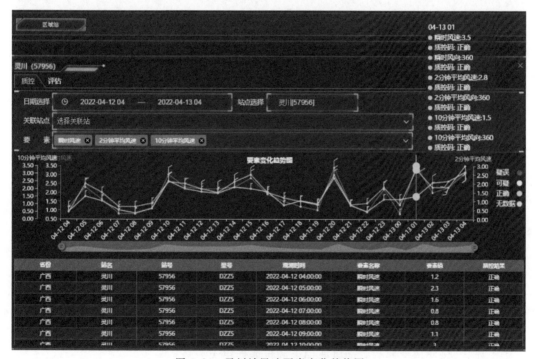

图 3.24 灵川站风速要素变化趋势图

风向风速观测数据处理较特殊,正点瞬时风向风速异常时,按缺测处理。用正点前、后10 min记录代替时,优先考虑用风向风速皆齐全的分钟数据代替,否则只用接近正点的风速分钟数据代替正点 2 min(10 min)风速,此时风向按缺测处理。正点风向风速缺测时,不能用前、后两时次正点数据内插求得。风速记录缺测但有风向时,风向亦按缺测处理;有风速而无风向时,风速照记,风向缺测。

（4）问题追踪

风向传感器至主采器集之间的连线虚接时，可能出现风向长时间为 0°（比如风向电源虚接），或某些角度的风向值输出错误（如 D0 位虚接，则会导致风向为 180°～357°时输出错误风向值）。

3.3.8.2　风速较长时间为 0 m/s

（1）案例介绍

2022 年 5 月 8 日 23 时—9 日 08 时，广西壮族自治区雁山站正点的 2 min 平均风速、极大风速连续 10 h 为 0 m/s，如图 3.25 所示。

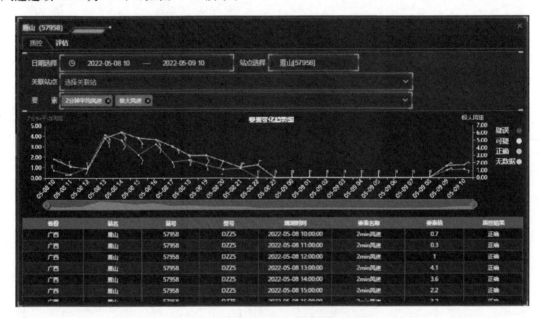

图 3.25　雁山站风速异常变化趋势图

（2）分析方法

风速观测值长时间保持不变的原因包括：一是冻结或传感器轴承转动不灵活，有卡滞现象；二是风杯的霍尔元件有损坏；三是传感器供电电源故障。

时间一致性分析：《气象观测资料质量控制 地面》中，关于 2 min 风速的"最长连续无变化时长"为非静风条件下可达 18 h，可通过时间一致性的检查。

内部一致性分析：2022 年 5 月 8 日 23 时—5 月 9 日 8 时，广西壮族自治区雁山站 2 min 平均风速、极大风速均为 0 m/s，期间风向均为北风。对比同时段备份站风向风速数据，风向在 333°～37°之间变化，极大风速均在 1.0 m/s 以上。

综上所述，风速传感器的启动风速偏大的可能性很大。

（3）解决方案

台站需及时对风速传感器开展维护维修或清洁，可直接更换风速传感器检查。

（4）问题追踪

经查询，故障时段前后夜间常出现风速持续为 0 m/s 的现象。建议台站加强维护风速传感器，并注意观察风杯转动情况，如启动风速偏大，建议更换风速传感器。

第 4 章　风廓线雷达

4.1　分析方法

风廓线雷达数据质量问题站点评价指标包括平均数据正确率、有效探测高度、O-B 评估。

4.1.1　数据正确率

风廓线雷达平均数据正确率是指在选取的评估时段内，以综合气象观测业务运行信息化平台维修维护为准，风廓线雷达无故障工作时间内（维护时间、维修性停机时间、专项活动停机时间和特殊停机时间段除外），小时可信率大于等于 50% 的小时数据总量占实际收到小时数据总量的百分比。

$$数据正确率 = \frac{\sum_{i=1}^{T} X}{T} \times 100\% \tag{4.1}$$

其中：X 为单小时可信率大于等于 50% 的小时数据，单小时可信率为水平风可信度在 33.3~100 间，可信度 ≥50% 的总量占总数的百分比；T 为评估时段内，实际收到数据的小时数。

4.1.2　有效探测高度

有效探测高度作为评估设备探测能力的指标。在一定时间段内，一般随高度增加、信号渐弱，实际观测数据量与应测数据量之比会逐渐下降。有效探测高度即为这个比值达到一定百分比时对应的高度。考核中，该比值门限设为 50%，有效探测高度判定异常标准见表 4.1。

表 4.1　风廓线雷达有效探测高度判定异常标准

时间	探测高度			
	3 km	6 km	8 km	12 km
6—8 月	<3 km	<6 km	<8 km	<12 km
9 月—次年 5 月	<1.5 km	<3 km	<4 km	<6 km

风廓线雷达有效探测高度在中国部分地区呈明显的季节变化，评估指标为：6—8 月，月平均有效探测高度评估指标不低于雷达设计高度；9 月—次年 5 月，月平均有效探测高度不低于雷达设计高度的 1/2。

4.1.3　O-B 评估

利用 CMA-GFS 预报资料与风廓线雷达水平风廓线资料进行时空匹配对比，计算并分析观测与模式之间的 U/V 分量标准差及相关系数，如果某站在评估时段内 U 或 V 分量标准差大于 5 m/s 的频次超过对比总次数的 20%，O-B 评估结果显示观测值与模式值偏差较大。

4.1.4　评价标准

风廓线雷达数据质量问题评价标准：

(1)12月—次年5月期间平均数据正确率低于70%,6—11月平均数据正确率低于80%。

(2)有效探测高度符合表4.1的指标视为异常站点。

(3)U/V(O-B)异常频次≥总次数的20%,则认为该站点与模式差异较大。

符合上述3个条件之一的站点视为异常站点。

4.2　问题原因

风廓线雷达数据质量问题由设备故障、性能不达标、参数设置错误、数据格式不符合要求等原因引起。

4.3　案例分析

4.3.1　参数设置错误导致风廓线雷达数据解析错误

4.3.1.1　波束方位和波束方位修正角设置错误

(1)案例介绍

2021年12月11—17日,安徽省铜陵风廓线雷达rad文件中波束方位字段缺少一个字节(应为6位字节,不足6位用"/"补齐);同时,该站波束方位修正角字段设置错误,导致风廓线雷达数据计算错误,该站正确率为0.0%。

(2)分析方法

对比风廓线雷达质控前后结果,如质控后没有产品,则对照风廓线雷达通用数据格式要求查询相应雷达rad文件中对应参数,如图4.1、图4.2所示。

(3)解决方案

按照风廓线雷达通用数据格式要求,对设备观测参数和数据格式进行修改。

(4)问题追踪

按要求修改数据后恢复正常。

4.3.1.2　天线增益设置错误

(1)案例介绍

2021年12月6日6—9时,广东省潮州风廓线雷达rad文件中,天线增益字段设置错误(天线增益应为2字节整数),导致风廓线雷达数据解析错误,该站正确率为0.0%。

(2)分析方法

对比风廓线雷达质控前后的结果,如质控后没有产品,则对照风廓线雷达通用数据格式要求,查询相应雷达rad文件中对应参数,如图4.3、图4.4所示。

(3)解决方案

按照风廓线雷达通用数据格式要求,对设备观测参数和数据格式进行修改。

(4)问题追踪

按要求修改数据格式后恢复正常。

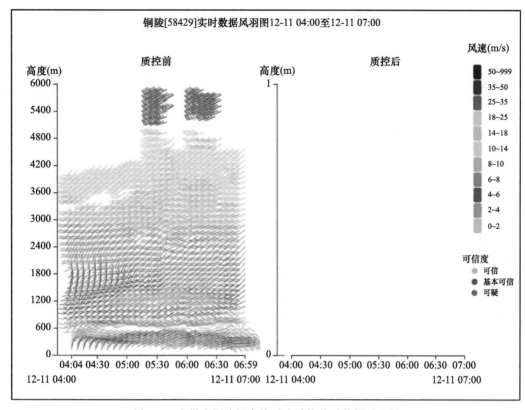

图 4.1　安徽省铜陵风廓线雷达质控前后数据对比图
（注：上图图例中阈值为左包含，右不包含，以下同类图例均与此相同）

```
WNDRAD 01.20
58429 0117.8547 030.9805 00011.0 PB
30 06.5 15.0 15.0 15.0 15.0 00.0 00.0 5 080 0234 25000 00.8 04 04 08.0 00.0 00120 06000
0 20211202000425  20211202000425  0 034 032 0512 001 LSNEW 00.0 00.0 00.0 160.0
RAD FIRST
00060 0000.2 0001.7 -000.3
```

图 4.2　安徽省铜陵风廓线雷达 rad 文件波束方位及其修正角设置错误图

4.3.1.3　经纬度符号位设置错误

（1）案例介绍

2022 年 1 月 26 日，河北省内丘风廓线雷达 rad 文件中，经纬度字段设置错误（经纬度应该有符号位，且顺序应为先写经度再写纬度），导致风廓线雷达数据解析错误。

（2）分析方法

对比风廓线雷达质控前后的结果，如质控后没有产品，则对照风廓线雷达通用数据格式要求，查询相应雷达 rad 文件中对应参数，如图 4.5、图 4.6 所示。

（3）解决方案

按照风廓线雷达通用数据格式要求，对设备观测参数和数据格式进行修改。

（4）问题追踪

按要求修改数据格式后恢复正常。

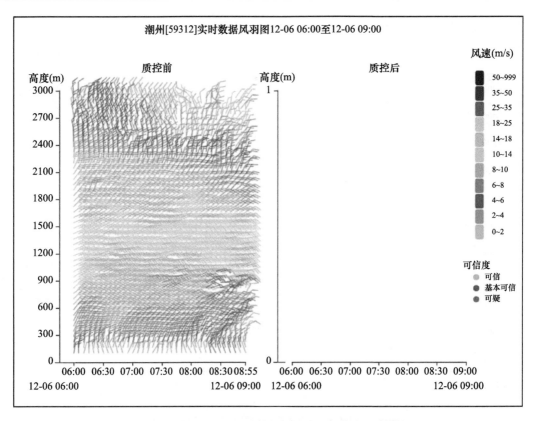

图 4.3　2021 年 12 月 6 日 6—9 时广东省潮州风廓线雷达质控前后对比图

```
WNDRAD 01.20
59312 0116.6900 023.6600 00059.0 LC
614 00.0 16.4 16.4 16.4 16.4 00.0 00.0 5 000 0232 45454 00.4 03 01 00.6 00.0 00100 02680
0 20211201000522 20211201001022 1 024 160 0256 024 ENRWS/ -01.9 -01.9 -01.9 -01.9
RAD FIRST
00100 0000.1 0008.7 -000.1
00160 0000.1 0024.0 -000.1
00220 0000.1 0028.9 -000.0
00280 0000.1 0026.7 -000.2
```

图 4.4　广东省潮州站风廓线雷达 rad 文件天线增益设置错误

4.3.1.4　产品文件折射率结构常数设置错误

（1）案例介绍

2022 年 2 月 10 日，海南省三亚和海口风廓线雷达实时采样高度上的产品数据文件（产品标识 ROBS）文件中，折射率结构常数字段设置错误（应显示探测的 C_n^2 数值，该值为正值，不应显示 $\lg C_n^2$ 值，该值为负值），导致风廓线雷达质控前产品数据解析错误，天衡系统上无法显示质控前水平风场产品。

（2）分析方法

对比风廓线雷达质控前后结果，如质控前产品数据解析错误，则对照风廓线雷达通用数据格式要求，查询相应雷达产品数据文件（产品标识 ROBS、HOBS、OOBS）文件中对应格式，如

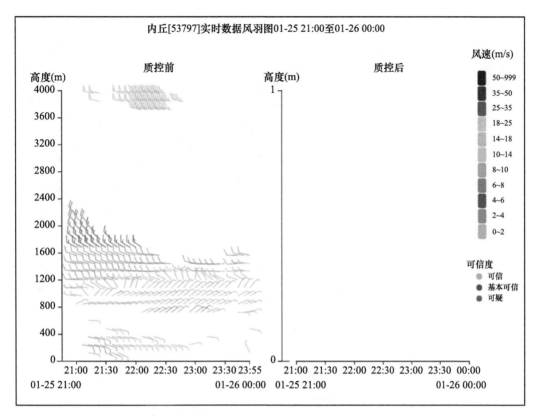

图 4.5　2022 年 1 月 26 日河北省内丘风廓线雷达质控前后对比图

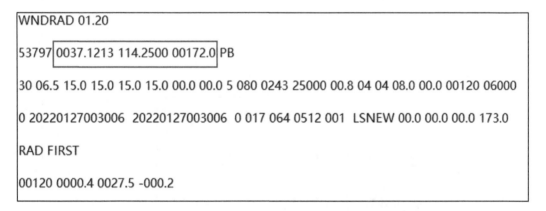

图 4.6　2022 年 1 月 26 日河北省内丘风廓线雷达 rad 文件经纬度设置错误

图 4.7、图 4.8 所示。

（3）解决方案

按照风廓线雷达通用数据格式要求，对数据文件写入的数值进行修改。

（4）问题追踪

按要求修改数据文件后恢复正常。

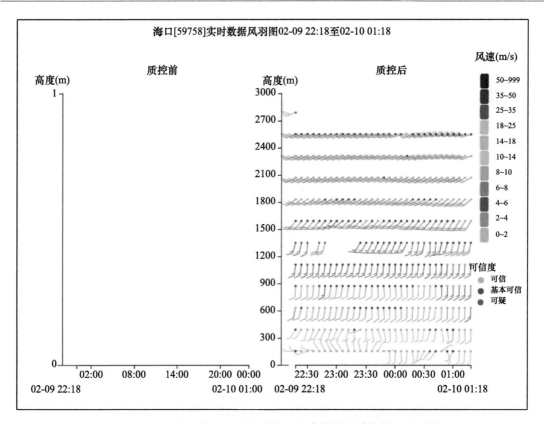

图 4.7　2022 年 2 月 10 日海南省海口风廓线雷达质控前后对比图

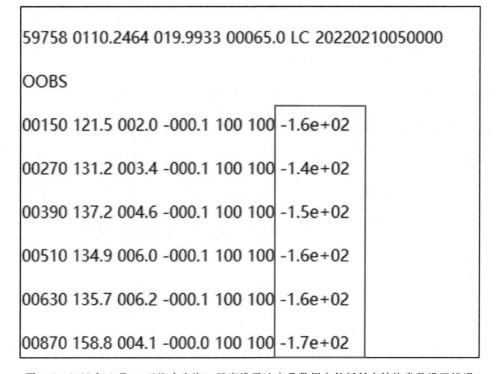

图 4.8　2022 年 2 月 10 日海南省海口风廓线雷达产品数据文件折射率结构常数设置错误

4.3.2　设备故障引起数据质量异常

4.3.2.1　有效探测高度异常偏低

(1)案例介绍

2021 年 11 月 26 日,辽宁省沈阳风廓线雷达设备故障,导致有效探测高度持续低于 500 m,如图 4.9 所示。

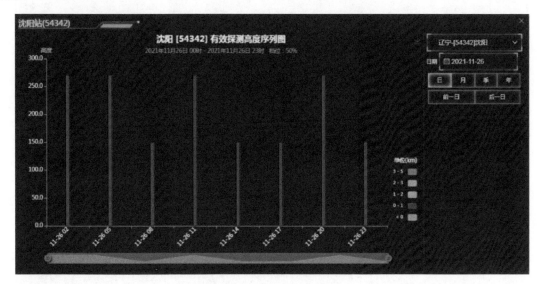

图 4.9　沈阳风廓线有效探测高度持续低于 500 m 图

(2)分析方法

分析风廓线雷达在一定时间段内的有效探测高度,如低于 500 m,可以初步判断为设备故障。

(3)解决方案

对设备进行测试维修或升级改造。

(4)问题追踪

联系厂家,及时对设备进行测试维修或升级改造。

4.3.2.2　有效探测高度维持在固定的较低数值不变

(1)案例介绍

2019 年 1—11 月,广东省深圳风廓线雷达有效高度大部分时间为 3128 m,仅在部分时段可达到 6 km 左右,该站高模式探测未正常工作,存在系统故障,如图 4.10 所示。

(2)分析方法

分析风廓线雷达在一定时间段内的有效探测高度,如果持续出现较低的一个固定的数值,可以初步判断为设备中高探测模式未正常工作,初步判断为设备发射功率不足或者收发模块出现故障。

(3)解决方案

对设备进行测试维修或升级改造。

(4)问题追踪

联系厂家,及时对设备进行测试维修或升级改造。

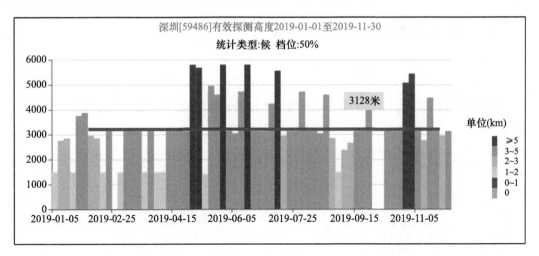

图 4.10　广东省深圳风廓线雷达有效探测高度图

4.3.2.3　数据正确率异常偏低

(1)案例介绍

2021 年 1—12 月,江西省宜春风廓线雷达数据正确率持续较低,设备老化严重,系统出现故障,如图 4.11 所示。

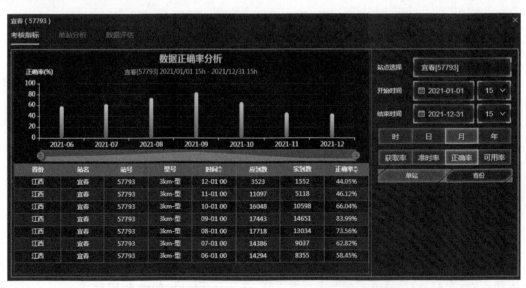

图 4.11　江西省宜春 2021 年 1—12 月数据正确率变化图

(2)分析方法

分析风廓线雷达在一定时段内的数据正确率,如果持续较低,可以初步判断存在故障,结合设备的运行年限,可以判断设备老化严重。

(3)解决方案

对设备进行测试维修或升级改造。

(4)问题追踪

联系厂家,及时对设备进行测试维修或升级改造。

4.3.2.4　O-B 持续偏高

（1）案例介绍

2021 年 9 月开始，江苏省泗洪风廓线雷达 T/R 组件故障，导致水平风场与模式偏差逐渐增大（同时有效探测高度逐渐降低），11 月进行排查时，已有一半数量的 T/R 组件处于故障状态，如图 4.12 所示。

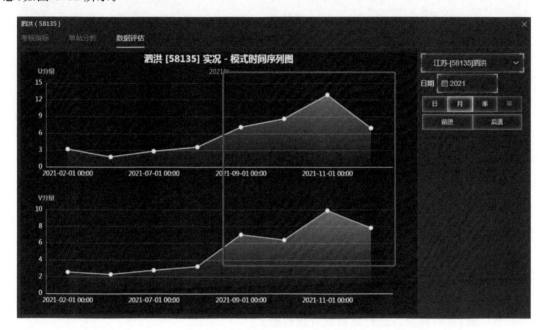

图 4.12　2021 年江苏省泗洪风廓线雷达（6 km 型号）逐月实况—模式对比分布图

（2）分析方法

分析风廓线雷达在一定时间段内的 O-B 偏高的数值出现的频次和持续时间，如短期内出现的频次占比较高或偏高的数值持续时间较长，可初步判为设备故障。

（3）解决方案

对设备进行测试维修。

（4）问题追踪

联系厂家，及时对设备进行测试维修或升级改造。12 月中旬对 T/R 组件进行更换后，数据评估结果恢复正常。

4.3.3　系统性能下降引起有效探测高度偏低

（1）案例介绍

2020 年，广西壮族自治区柳州风廓线雷达全年有效探测高度均呈现明显偏低状态，该站设备探测型号为 6 km 型，该站全年月平均有效探测高度均低于设计高度，如图 4.13 所示。

（2）分析方法

分析风廓线雷达在 6—8 月的月平均有效探测高度或者在有降水/大风等天气过程中的日平均有效探测高度，如果持续低于设计高度，可以初步判断为该设备探测性能下降。

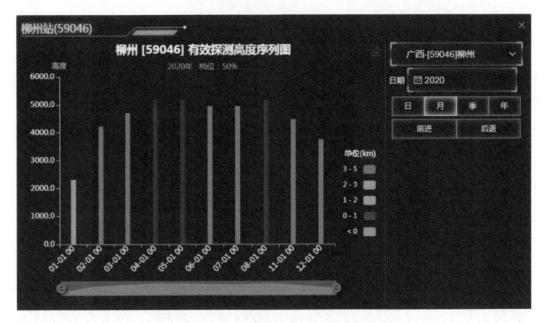

图 4.13　2020 年柳州站有效探测高度逐月序列图

（3）解决方案

对设备进行维修或升级改造。

（3）问题追踪

联系厂家，及时对设备进行维修或升级改造。

4.3.4　信号干扰等原因引起数据质量异常

4.3.4.1　信号干扰导致 O-B 数值持续偏高

（1）案例介绍

2021 年 11—12 月，江苏省连云港风廓线雷达因信号干扰导致 U 分量与模式偏差长时间大于 5 m/s。2021 年 12 月 17 日，江苏省连云港风廓线雷达 U、V 分量标准偏差，如图 4.14 所示。

（2）分析方法

对比风廓线雷达 U、V 风量与模式比较结果，并进一步查看风羽图。2021 年 12 月 17 日，江苏省连云港风廓线雷达受信号干扰的风羽图如图 4.15 所示。

（3）解决方案

台站及时排查，查看干扰源。

（4）问题追踪

厂家定期巡检，排查设备受信号干扰的原因。

4.3.4.2　地物干扰导致数据正确率偏低

（1）案例介绍

2022 年 3 月 4 日，北京市霞云岭风廓线雷达因地物干扰严重，数据正确率偏低，如图 4.16 所示。

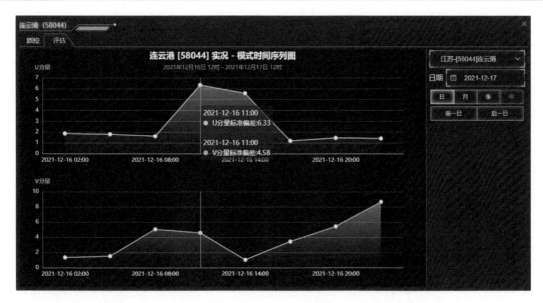

图 4.14　2021 年 12 月 17 日连云港风廓线雷达 U 和 V 分量标准偏差

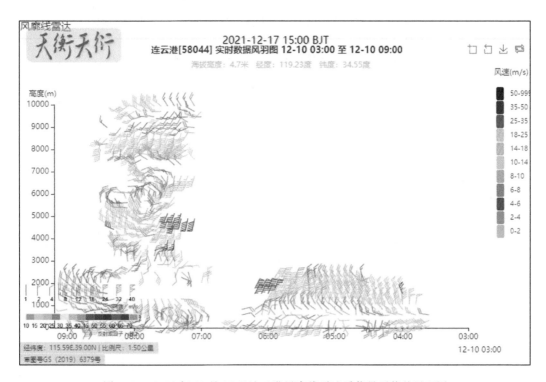

图 4.15　2021 年 12 月 17 日连云港风廓线雷达受信号干扰的风羽图

（2）分析方法

进一步查看 2022 年 3 月 4 日 8—14 时北京市霞云岭风廓线雷达水平风场产品，并对比同时段地面观测水平风数值，结合当日有大风的天气实况，确定该风廓线雷达 2 km 以下测得的水平风速明显偏小；利用功率谱数据进行分析，该站由于在大风天气条件下，地物强度明显增强，软件对地物干扰信号去除效果较差导致。

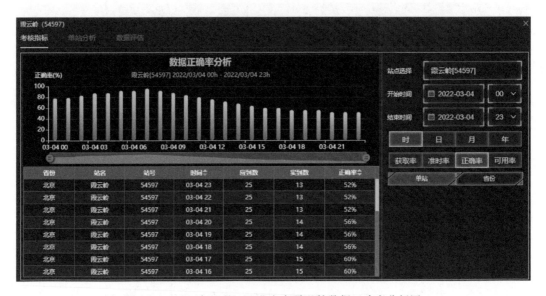

图 4.16　2022 年 3 月 4 日北京市霞云岭数据正确率分析图

2022 年 3 月 4 日 8—14 时霞云岭风廓线雷达水平风场图如图 4.17 所示。

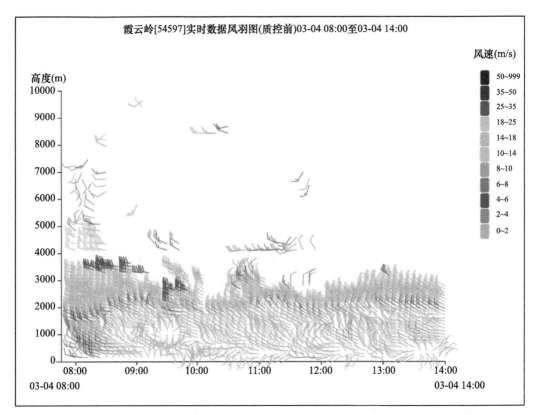

图 4.17　2022 年 3 月 4 日 8—14 时霞云岭风廓线雷达水平风场图

2022 年 3 月 4 日 8—14 时霞云岭地面观测风时序如图 4.18 所示。

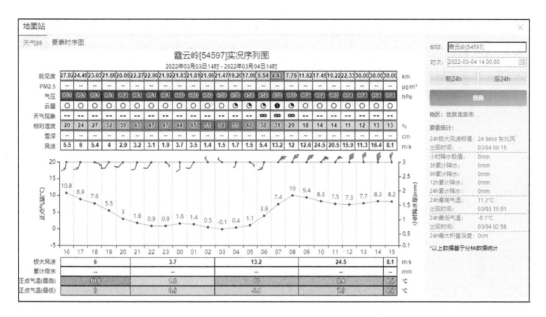

图 4.18　2022 年 3 月 4 日霞云岭地面观测风时序图

（3）解决方案

厂家改进地物干扰去除方法，更新台站软件。

（4）问题追踪

更新软件和风廓线数据质控算法。

4.3.5　其他原因引起数据质量异常

（1）案例介绍

2017 年 8 月 23 日上午，台风"天鸽"外围云系已经影响到江西省，江西省境内为偏东风。风廓线雷达观测资料显示，江西省宜春站 1 km 以上为西北风，1 km 以下为偏北风，与台风外围水平风场特点存在明显差异，如图 4.19 所示。

图 4.19　2017 年 8 月 23 日台风"天鸽"影响区域水平风场

（2）分析方法

进一步查看江西省宜春风廓线雷达单站水平风场产品，并结合当日台风外围风场天气实况，确定该风廓线雷达观测的水平风向明显异常，判断为参数设置或者设备天线问题。2017年8月23日5—11时，江西宜春风廓线雷达水平风场分布图如图4.20所示。

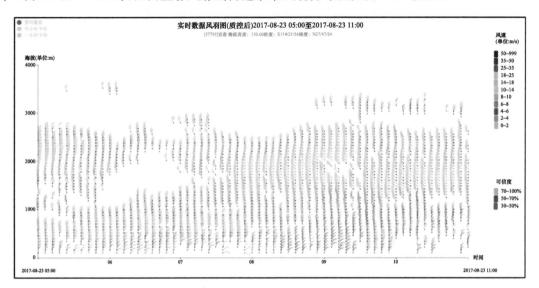

图4.20　2017年8月23日05—11时宜春风廓线雷达水平风场分布图

（3）解决方案

厂家查看设备硬件是否有故障或者参数配置是否有误。

（4）问题追踪

天线配置参数设置错误导致，更改后，观测的水平风向恢复正常。

第 5 章　雷电观测

5.1　分析方法

雷电数据质量问题站点评价指标为雷电数据获取率、雷电数据正确率、状态数据评估。

5.1.1　雷电数据获取率

雷电数据获取率是指在选取的评估时段内,在雷电无故障工作时间内,实收状态数据总量占应到状态数据总量百分比。

$$雷电数据获取率 = \frac{实到状态数据总量}{应到状态数据总量} \times 100\% \tag{5.1}$$

其中:评估指标为 85%;应到状态数据总量:按照"1 条/min"观测数据计算。

5.1.2　雷电数据正确率

雷电数据正确率是指在选取的评估时段内,在雷电无故障工作时间内,实收状态数据正确数据总量占实到状态数据总量百分比。

$$数据正确率 = \frac{正确状态数据总量}{实到状态数据总量} \times 100\% \tag{5.2}$$

其中:评估指标为 85%;正确状态数据总量是指时间检查、自检检查、阈值检查、通过率检查、DOP 检查、晶振偏差检查结果为正确的状态数据总量。

5.1.3　状态数据评估

雷电站的数据主要包括以下 3 类:

(1)状态数据为设备自动上传的工作状态指示数据,1 条/min。包含了设备的时间信息、自检状态,经纬度信息,晶振工作状态等。

(2)回击数据为探测到的闪电信号,在雷电发生时,设备将探测到的闪电信息发送到中心站软件。包含闪电的时间信息、峰值电场信息、磁场信息等。

(3)定位结果数据是中心站软件通过 2 台或以上设备发来的回击数据计算出的数据,包含闪电发生的时间、经纬度、强度等信息。

状态数据质控算法:通过对状态数据进行自检检查、阈值检查、DOP 检查、晶振偏差检查等对状态数据进行质量标定。雷电监测数据质控流程如图 5.1 所示。

雷电状态信息中包含由 6 位字符组成的标识质控码,其中每 1 位对应一个对状态数据的内部质控评估项,分别为时间质控码、自检质控码、阈值质控码、通过率质控码、DOP 质控码、晶振偏差质控码,质控结果分为正确(0)、可疑(1)、错误(2),以上 6 位质控码称为内部质控码。

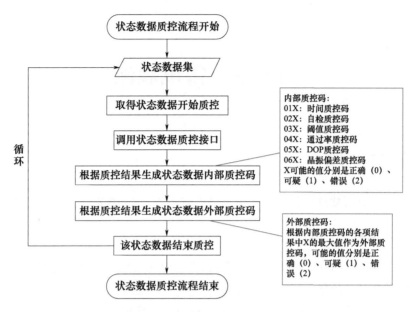

图 5.1　雷电监测数据质控流程

雷电观测站的内部质控码对应的算法说明见表 5.1。

表 5-1　雷电站状态数据内部质控码列表

名称	算法说明
时间质控	设备状态数据时间是否正常,时 0～23、分 0～59、秒 0～59 为"0 正确",否则为"2 错误"
自检质控	设备工作状态自检是否正常,工作状态值＝10 为"0 正确",否则为"1 可疑"
阈值质控	设备的触发阈值是否正常,阈值＝100 为"0 正确",否则为"1 可疑"
通过率质控	设备的噪声干扰是否正常,噪声量≤300 为"0 正确",否则为"1 可疑"
DOP 质控	ADTD 型设备:设备的 GPS 误差放大因子是否正常,误差放大因子＜10 为"0 正确",否则为"1 可疑";DDW1 型设备:设备的 GPS 状态(时钟稳定度)是否正常,时钟稳定度＝57345 或 49153 为"0 正确",否则为"1 可疑"
晶振偏差质控	晶振频率偏差指的是晶振频率与晶振本身中心频率的变化。晶振频率偏差的绝对值＜10 为"0 正确",否则为"1 可疑"

　　以内部质控码的各项结果的数字最大值为外部质控码,外部质控码质控结果表现为正确(0)、可疑(1)、错误(2)。根据外部质控码形成监控时次内状态数据占比关系的统计结果,包括正确率、可疑率、疑误率。

5.1.4　评价标准

雷电数据质量问题评价标准:
(1)雷电数据获取率低于 85%。
(2)雷电数据正确率低于 85%。
(3)雷电状态数据内部质控问题包括:①时间质控的 1 h 异常率达 80%。②自检质控的 4 h 异常率达 60%。③阈值质控的 1 h 异常率达 80%。④通过率质控的 24 h 异常率达 80%。

⑤DOP 质控的 4 h 异常率达 80%。⑥晶振偏差质控的 2 h 异常率达 80%。

5.2　问题原因

雷电观测数据质量问题主要包括：时间质控异常、自检质控异常、阈值质控异常、通过率质控异常、DOP 质控异常、晶振偏差质控异常等。雷电站设备异常与状态数据内部质控码的判定的对应关系见表 5.2 所示。

表 5.2　雷电站设备异常与状态数据内部质控码对应关系列表

名称	异常判定条件	排查建议
时间质控	当 1 h 异常率达 80% 时，认为设备数据不可用	建议对设备的时间基准组件、硬件中采集处理软件等进行检查
自检质控	当 4 h 异常率达 60% 时，认为设备数据不可用	此时应对设备 GPS 模块、硬件核心处理单元等进行检查
阈值质控	当 1 h 异常率达 80% 时，认为设备数据不可用	应按相关业务规定，将设备阈值设置为 100
通过率质控	当 24 h 异常率达 80% 时，认为设备数据不可用	建议对站点的电磁环境进行评估，以及对设备内部的电磁兼容性等问题进行检查
DOP 质控	当 4 h 异常率达 80% 时，认为设备数据不可用	建议对设备的 GPS 授时模块等进行检查
晶振偏差质控	当 2 h 异常率达 80% 时，认为设备数据不可用	建议对设备的晶振模块等进行检查

注："异常率"指的是具体时段非正常状态的状态文件占比。

5.3　案例分析

打开天衡系统，点击标题区系统标识或"主页"按钮，进入主页面，如图 5.2 所示，鼠标悬停在红框处弹出浮窗，选择"观测任务"→"雷电站"。

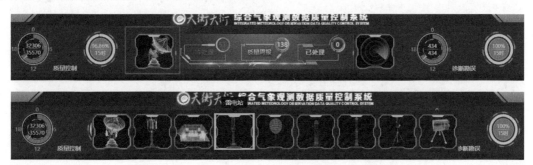

图 5.2　天衡系统主页面对具体观测任务进行质量检查

通过左侧的"信息选择"，点击任意"质量问题"，可以按类型、区域、型号进行统计排查；点击"评估指标"，可以在该界面右侧显示统计结果；点击中心界面地图上的任意站点，可以查询一定时间段内单站考核指标（获取率、准时率、正确率、可用率）和数据评估情况（状态、波形、回击）。雷电质量检测界面如图 5.3 所示。

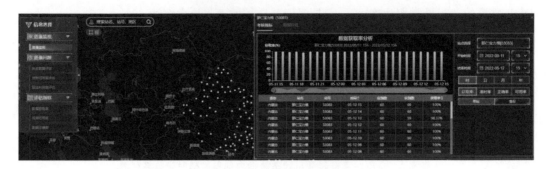

图 5.3　雷电质量监测界面

5.3.1　晶振偏差质控异常引发状态报警

（1）操作方法

打开天衡系统，点击标题区系统标识或"主页"按钮，再将鼠标移到"快速切换区"→"观测设备切换区"的"当前设备"图标上，点击浮窗上"雷电站"图标，即可显示雷电站实时质量监控界面。点击"质量问题"，再选择下方"状态数据评估"，或在"雷电站质量监视情况"地图上点击可疑站点"孪井滩国家气象观测站"，即可出现该站点考核评估图、数据评估图等。

（2）案例介绍

2022 年 3 月 2 日 2 时，内蒙古自治区阿拉善盟孪井滩国家气象观测站雷电观测状态告警，该站雷电观测设备为 ADTD 型。2022 年 3 月 2 日孪井滩国家气象观测站雷电状态可用率统计如图 5.4 所示，数据正确率为 0%，可疑率为 100%。

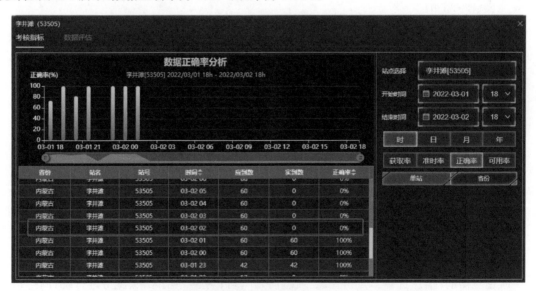

图 5.4　3 月 2 日孪井滩国家气象观测站雷电状态可用率统计图

2022 年 3 月 2 日，孪井滩国家气象观测站雷电状态数据评估分析如图 5.5 所示。

2022 年 3 月 2 日信息化平台状态信息查询结果如图 5.6 所示，该时段内部质控码为"000001"。

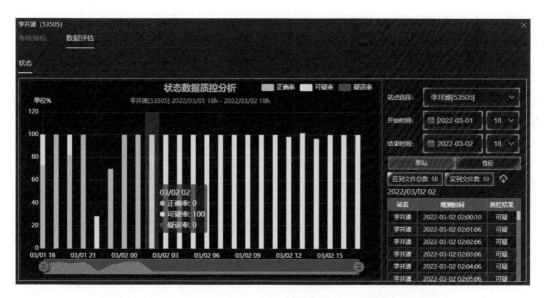

图 5.5　3 月 2 日李井滩国家气象观测站雷电状态数据评估分析图

时次：	2022-03-02 2:10:00		上一时次	下一时次

	站号	站名	告警类型	告警原因
1	53505	李井滩国家气象观测站（雷电观测）	阈值异常	李井滩国家气象观测站（雷电观测）在2022-03-02T19:20:00时[外部质控码]不正确,该项目本次值为[1.0]。

20 ▾	◄ ◄ 第 1 共1页 ► ►► ↻	显示1到1,共1记录

状态信息

站号	53505	站点名称	李井滩
经度		纬度	
转化误差	null	噪声量	0.033898
当前阈值	100	误差放大因子	1.9
工作状态	10	文件开始时间	2022-03-02 02:09:11
电源温度	null	时钟稳定度	null
晶振频率偏差	32705.0	转换斜率	--
电源电压	--	主板温度	--
标识质控码	000001		

图 5.6　信息化平台状态信息查询

（3）分析方法

经持续观察分析发现:自 2022 年 3 月 2 日 2 时起,数据正确率低于 85%。内部质控码显示晶振频率偏差质控异常,符合 2 h 异常率达 80%,据此判断李井滩国家气象观测站雷电观测数据不可用。

（4）解决方案

根据设备数据质控结果发现:晶振频率偏差质控异常,应重点对李井滩国家气象观测站雷电观测设备的晶振模块进行检查,检查后对该站数据进行追踪观察。如台站无法解决,应及时联系厂家进一步排查问题,必要时更换设备组件。

通过"ADTD闪电定位数据监控"单机版监控软件的"终端维护",选择"STATUS"状态命令,查到的晶振频率(frequency)是实时频率,即 5 MHZ 的恒温晶振经 SN54HC04J 变频后得到的频率值,晶振偏差＝实时频率－10000000。晶振正常偏差范围是－10～10。

晶振偏差异常主要影响探测仪的时间功能。一般停运一段时间后重新启动探测仪,会出现晶振偏差大的问题,需要等一个整点自检后看晶振模块能否恢复正常,如果能恢复正常则不需要更换。如果不能恢复正常,需根据实际情况具体检查。检查内容和顺序:晶振的供电检查(12 V)、晶振频率的指令修正(FREQUENCY)、更换晶振、GPS(全球定位系统)板、电子盒。

整机复位,更换晶振、电子盒、GPS 板的操作方法如下:

1)整机复位:按电源舱电路板上的复位按钮(或重启开关电源的空开)。

2)更换恒温晶振。

闪电定位仪晶振模块固定在基座上,将玻璃钢罩取下后划开屏蔽罩即可看到晶振模块,如图 5.7 所示。

图 5.7　ADTD 型闪电定位仪屏蔽罩摘取图

晶振在基座上安装位置如图 5.8 所示。

更换晶振前,需先将晶振供电断开,再将晶振信号线从 GPS 板上旋下,最后将固定晶振螺丝取下即可更换。更换完成后再按照上述步骤将晶振模块与电子盒连接好,如图 5.9 所示。

3)更换电子盒(含 GPS 板)。

电子盒安装位置如图 5.10 所示。

如需整机更换时,需先断开与电子盒连接的 GPS 天线、晶振、供电与通讯线。磁环天线排线,再将电子盒拉出进行更换,如图 5.11 所示。

完成上述步骤后,可直接就将电子盒取下更换。更换完成后,再按照上述步骤将电子盒安装好。

4)更换 GPS 板。

更换电子盒电路板时,先将电子盒取出,再将电子盒外壳取下,如图 5.12 所示。

更换 GPS 板时,在取下的过程中需注意防止静电,如图 5.13 所示。

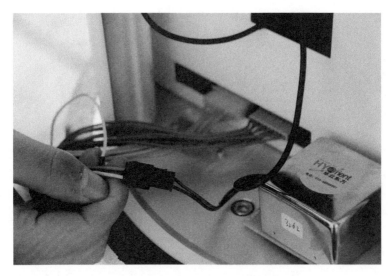

图 5.8　ADTD 型闪电定位仪的晶振位置

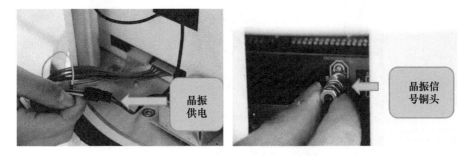

图 5.9　ADTD 型闪电定位仪晶振更换示例

图 5.10　ADTD 型闪电定位仪的电子盒位置

(5)问题追踪

更换恒温晶振后,数据恢复正常。

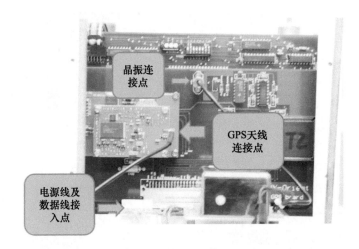

图 5.11　ADTD 型闪电定位仪电子盒更换示例

图 5.12　ADTD 型闪电定位仪电子盒外壳

图 5.13　ADTD 型闪电定位仪 GPS 板示例

5.3.2　自检质控异常引发状态报警

（1）操作方法

点击天衡系统标题区系统标识或"主页"按钮，再将鼠标移到"快速切换区"→"观测设备切换区"的"当前设备"图标上,点击浮窗上"雷电站"图标,即可显示雷电站的实时质量监控页面。点击"质量问题",再选择下方"状态数据评估",或在"雷电站质量监视情况"地图上点击可疑站点"密山国家气象观测站(雷电观测)",即可出现该站点考核评估图、数据评估图等。

（2）案例介绍

2022 年 4 月 21 日 17 时,黑龙江省密山国家气象观测站雷电观测状态告警,正确率为0.0%,状态数据全部为判定可疑,该站雷电观测设备为 ADTD 型。4 月 21 日,密山国家气象观测站雷电观测正确率统计分析情况如图 5.14 所示。

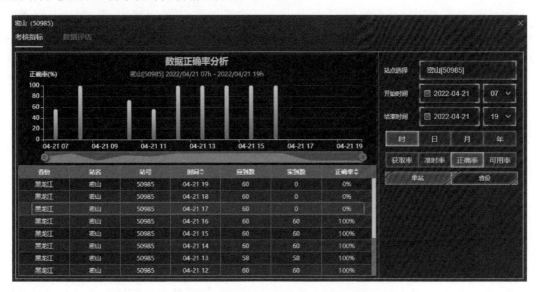

图 5.14　4 月 21 日密山国家气象观测站正确率统计分析图

4 月 21 日,密山国家气象观测站雷电观测状态数据质控结果如图 5.15 所示。

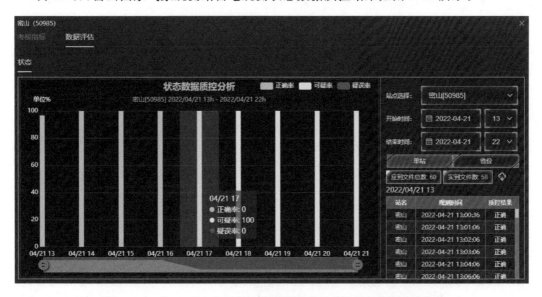

图 5.15　4 月 21 日密山国家气象观测站雷电观测状态数据质控结果

（3）分析方法

对密山国家气象观测站雷电观测数据进行持续观察分析发现：自 4 月 21 日 17 时起，数据正确率低于 85%。自检质控 4 h 异常率达 60%，据此判断该站雷电观测数据不可用。

（4）解决方案

密山国家气象观测站雷电观测数据自检质控异常，应对设备 GPS 模块、硬件核心处理单元等进行检查，检查后对该站数据进行追踪观察。如台站无法解决，应及时联系厂家进一步排查问题，必要时更换设备组件。

更换电子盒：如需整机更换时，先断开与电子盒连接的 GPS 天线、晶振、供电与通讯线。磁环天线排线，再将电子盒拉出进行更换。完成上述步骤后，直接更换电子盒，再按上述步骤将电子盒安装好。

（5）问题追踪

更换电子盒后，数据恢复正常。更换电子盒的过程中要注意防止静电对设备的影响。

5.3.3　晶振偏差质控与自检质控异常告警引发无法定位回击

（1）操作方法

点击天衡系统标题区系统标识或"主页"按钮，再将鼠标移到"快速切换区"→"观测设备切换区"的"当前设备"图标上，点击浮窗上"雷电站"图标，即可显示雷电站的实时质量监控页面。点击"质量问题"，再选择下方"状态数据评估"，或在"雷电站质量监视情况"地图上点击可疑站点"额济纳旗雷电观测站"，即可出现该站点考核评估图、数据评估图等。

（2）案例介绍

2020 年 6 月 12 日 4 时开始，内蒙古自治区额济纳旗国家基准气候站雷电观测状态告警，该站雷电观测设备为 ADTD 型，数据正确率为 0.0%。6 月 12 日额济纳旗国家基准气候站雷电观测数据正确率统计分析情况如图 5.16 所示。

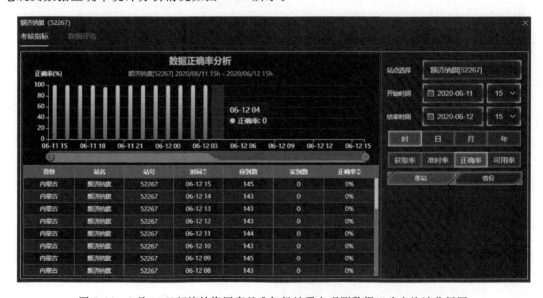

图 5.16　6 月 12 日额济纳旗国家基准气候站雷电观测数据正确率统计分析图

6 月 29 日,额济纳旗国家基准气候站持续出现回击利用率低的情况(收到回击数为"7";定位回击数为"0"),如图 5.17 所示。

图 5.17　6 月 29 日额济纳旗国家基准气候站回击利用率分析结果

(3)分析方法

对额济纳旗国家基准气候站雷电数据进行持续观察分析发现:自 6 月 12 日 4 时起,数据正确率低于 85%。自检质控 4 h 异常率达 60%,晶振频率偏差质控 2 h 异常率达 80%,据此判断该站雷电观测数据不可用。

(4)解决方案

额济纳旗国家基准气候站雷电观测数据自检质控异常,应对设备 GPS 模块、硬件核心处理单元等进行检查;晶振偏差质控异常,应对晶振模块等进行检查,并对该站数据进行追踪观察。如台站无法解决,应及时联系厂家进一步排查问题,必要时更换设备组件。

该类问题的检查思路:先检查电源盒的关键点位电压是否正常,随后检查电子盒与晶振。电源盒输出关键点位电压参考值如图 5.18 所示。

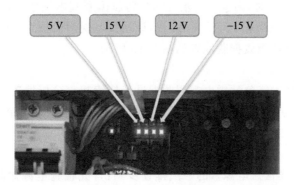

图 5.18　ADTD 型闪电定位仪电源盒关键电压点位及参考值

ADTD 型闪电定位仪电源盒关键点位电压与影响模块的对应关系见表 5.3。

表 5.3　　ADTD 型闪电定位仪电源盒关键点位电压与影响模块对应表

关键点位电压值(V)	影响模块
5	所有模块
12	恒温晶振
15	前置放大板、CPU 板、波形鉴别板
—15	前置放大板、波形鉴别板

1)更换恒温晶振:闪电定位仪晶振模块固定在基座上,将玻璃钢罩取下后划开屏蔽罩即可看到晶振。晶振更换前,先断开晶振模块电源,再将晶振信号线从 GPS 板上旋下,最后将固定晶振螺丝取下即可更换。更换完成后,再按照上述步骤将晶振与电子盒连接好。

2)更换电子盒:如需整机更换时,先断开与电子盒连接的 GPS 天线、晶振、供电与通讯线。磁环天线排线,再将电子盒拉出进行更换。完成上述步骤后,可直接将电子盒取下更换。更换完成后,再按照上述步骤将电子盒安装好,过程中注意防止静电。

(5)问题追踪

检查电源盒关键点位电压未发现异常,更换电子盒、恒温晶振后,数据恢复正常,说明电子盒、恒温晶振故障。

5.3.4　供电系统故障引发无状态数据

案例一

(1)操作方法

点击天衡系统标题区系统标识或"主页"按钮,再将鼠标移到"快速切换区"→"观测设备切换区"的"当前设备"图标上,点击浮窗上"雷电站"图标,即可显示雷电站的实时质量监控页面。点击"质量问题",再选择下方"状态数据评估",或在"雷电站质量监视情况"地图上点击可疑站点"翁牛特旗雷电监测站",即可出现该站点考核评估图、数据评估图等,在考核指标页面,选中起止时间(不超过 24 h),按"时"统计,并点击"获取率",获得相应时段该雷电站的数据获取率分析图。

(2)案例介绍

2021 年 11 月 28 日 6 时,内蒙古自治区翁牛特旗国家基本气象站雷达观测数据获取率为26.67%,持续下降直至为 0.0%。11 月 28 日,该站雷电观测设备为 ADTD 型,翁牛特旗国家基本气象站雷电逐小时观测数据获取率如图 5.19 所示。

(3)分析方法

对翁牛特旗国家基本气象站雷电观测数据进行持续观察分析发现:该站数据获取率自 28日 6 时开始低于 85%,并持续下降至 0.0%,即无法获取数据,一般情况下应考虑供电或通信问题。

(4)解决方案

经现场检查,供电异常。电源盒的一般排查步骤:首先检查电源盒的供电指示灯,如指示灯正常,有直流输出,再检查电子盒(故障概率偏大),如无直流输出,判断为总线损坏。如电源盒供电指示灯异常,220 V 市电和线缆正常时,一般即可判定电源盒故障。ADTD 型闪电定位仪的供电如图 5.20 所示。

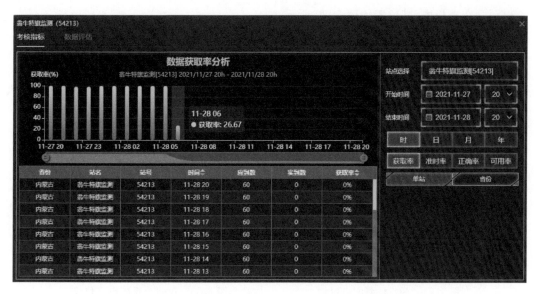

图 5.19 11 月 28 日翁牛特旗国家基本气象站雷电逐小时观测数据获取率显示图

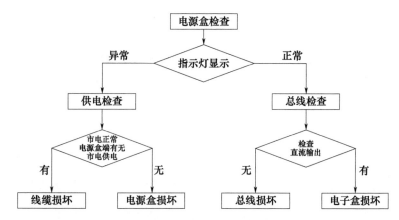

图 5.20 ADTD 型闪电定位仪的供电问题的一般排查步骤

ADTD 型闪电定位仪对 5 V 电源要求较高,5 V 电源稳压芯片采用 PJ1085-adj 可调式芯片。电源盒 5 V 电压调节位置如图 5.21 所示。

图 5.21 ADTD 型闪电定位仪电源盒 5 V 电压调节位置图

电源盒的更换方法:首先将闪电定位仪基墩前后挡板取下,如图 5.22 所示。

电源盒在挡板内,其位置如图 5.23 所示。

图 5.22　ADTD 型闪电定位
仪基墩前后挡板图

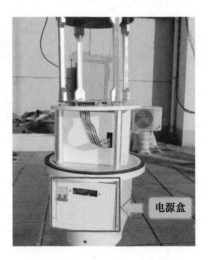

图 5.23　ADTD 型闪电定位仪
电源盒位置图

拆装电源盒时,需先将电源盒背后的 19 芯、5 芯、3 芯的 3 个航空插头取下再进行更换,如图 5.24 所示。

将坏的电源盒拆下后,更换新的电源盒,依次连接好 19 芯航空插头(总线:电子盒供电、数据通信)、3 芯航空插头(市点供电)、5 芯航空插头(数据通信)及地线如图 5.25 所示。

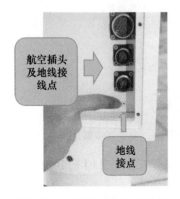

图 5.24　ADTD 型闪电定位仪
电源盒接线图

图 5.25　ADTD 型闪电定位仪
电源盒航空插头位置图

(5)问题追踪

翁牛特旗国家基本气象站更换闪电定位仪电源盒后,数据恢复正常。由于 ADTD 型闪电定位仪的供电采用的是交流 220 V,检测与上电过程须避免触电,如保险丝熔断,需更换保险丝后,对市电以及电源模块进行充分测试后,再上电,否则容易造成二次故障。另外,对于雷电监测设备,整机接地非常重要,须做好接地。

案例二

(1)操作方法

同 5.3.4 节案例一。

（2）案例介绍

2021 年 4 月 10 日开始，青海省祁连国家基本气象站 ADTD 型雷电观测设备状态告警，数据获取率为 0.0%，如图 5.26 所示。

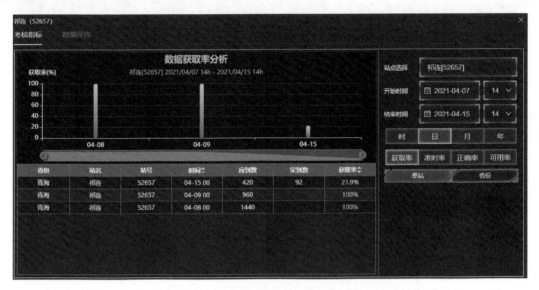

图 5.26　4 月 10 日祁连国家基本气象站雷电观测数据获取率统计图

（3）分析方法

对祁连国家基本气象站雷电观测数据进行持续观察分析发现：该站雷电观测数据获取率自 4 月 10 日 0 时开始低于 85%，并维持 0.0%，即无法获取数据，一般情况下应考虑供电或通信问题。

（4）解决方案

ADTD 型闪电定位仪供电问题排查步骤：首先检查电源盒的供电指示灯，如指示灯正常，直流输出正常，检查电子盒（故障概率偏大），如无直流输出，判断为总线损坏。如电源盒供电指示灯异常，市电和线缆正常的情况下，一般即可判定电源盒故障。

经现场排查，最终判定电源盒故障。

（5）问题追踪

台站对电源盒进行更换后，数据恢复正常。

5.3.5　接地异常引发无状态数据

（1）操作方法

点击天衡系统标题区系统标识或"主页"按钮，再将鼠标移到"快速切换区"→"观测设备切换区"的"当前设备"图标上，点击浮窗上"雷电站"图标，即可显示雷电站的实时质量监控页面。点击"质量问题"，再选择下方"状态数据评估"，或在"雷电站质量监视情况"地图上点击可疑站点"宜昌国家基本气象站（雷电观测）"，即可出现该站点考核评估图、数据评估图等。

（2）案例介绍

2022 年 4 月 18 日 13 时，湖北省宜昌国家基本气象站雷电观测状态获取率开始下降，14 时下降为 21.67%，15 时下降为 0.0%，该站雷电观测设备为 ADTD 型，4 月 18 日，宜昌国家基本气象站雷电观测数据获取率如图 5.27 所示。

图 5.27　4 月 18 日宜昌国家基本气象站雷电观测数据获取率

4 月 18 日,宜昌国家基本气象站雷电观测数据正确率如图 5.28 所示。

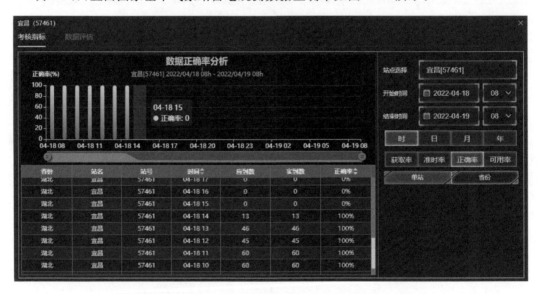

图 5.28　4 月 18 日宜昌国家基本气象站雷电观测数据正确率

（3）分析方法

由于宜昌国家基本气象站雷电观测状态数据正确率陡然下降,下降前内部质控码"000000"（状态正常）,初步判断可能为供电异常。经现场排查,故障原因为供电系统未接地造成,可作为典型故障。

闪电定位仪是通过测量雷电波形来判断落雷点的设备,须做好接地:一是由闪电引起的动力线和通讯电缆上产生的瞬态电流保护接地;二是良好接地可以为探头天线提供一个有效的地平面参考。如接观测场公用地网,会因其他电子设备的瞬态电流干扰影响探测精度和设备的稳定运行,引起设备整点自检不正常或 GPS 搜星不过。

（4）解决方案

根据设备故障损坏情况分析发现：雷电设备电源模块雷击损坏的原因，多为公用地网在将雷击电流导入地下时产生的瞬间峰值电压引起。在设备安装期间，设备有效接地且与观测场公用地网分离。在设备的常规维护或巡检期间，按照要求检查设备的接地情况是否符合规范，可以有效避免前述问题。

（5）问题追踪

重新做好设备接地后，数据恢复正常。接地不好会导致设备产生的静电无法释放，静电累积到一定程度，会引起设备死机。建议站点对闪电定位仪进行独立接地，接地电阻≤4 Ω。其主要作用是将机壳上的静电荷及瞬时电流导入大地，同时提供一个相对纯净的地电平，提高探测雷电波形的准确性。

5.3.6 静电引发状态异常

（1）操作方法

点击天衡系统标题区系统标识或"主页"按钮，再将鼠标移到"快速切换区"→"观测设备切换区"的"当前设备"图标上，点击浮窗上"雷电站"图标，即可显示雷电站的实时质量监控页面。点击"质量问题"，再选择下方"状态数据评估"，或在"雷电站质量监视情况"地图上点击可疑站点"赵县雷电观测站"，即可出现该站点考核评估图、数据评估图等。

（2）案例介绍

2020年7月8日15时开始，河北省赵县国家气象观测站雷电观测回击利用率下降，7月9日13时状态数据正确率下降为0.0%，该站雷电观测设备为ADTD型，回击利用率分析结果如图5.29所示。

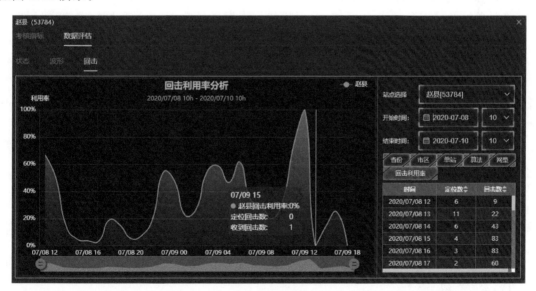

图5.29 7月9日赵县国家气象观测站雷电观测回击利用率分析结果

7月9日，赵县国家气象观测站雷电观测数据正确率如图5.30所示。

（3）分析方法

对赵县国家气象观测站雷电观测数据进行持续观察分析发现：自7月8日15时开始，回

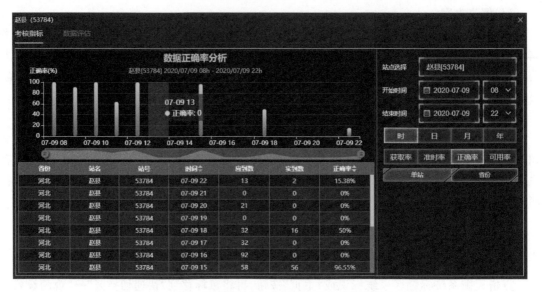

图 5.30　7 月 9 日赵县国家气象观测站雷电观测数据正确率

击利用率下降;7 月 9 日 13 时起,数据正确率低于 85%;自检质控 4 h 异常率达 60%;晶振频率偏差质控 2 h 异常率达 80%,据此判断该站设备数据不可用。

（4）解决方案

雷电观测数据质控结果显示:自检质控异常,应对设备 GPS 模块、硬件核心处理单元等进行检查,检查后对雷电观测数据进行追踪观察;晶振偏差质控异常,应对设备晶振模块等进行检查,检查后对数据进行追踪观察。如台站无法解决,应及时联系厂家进一步排查问题,必要时更换设备组件。GPS 模块、电子盒、晶振模块均未发生异常,对现场环境检查,根据厂方专家综合研判,最终判定为静电异常影响,消除静电影响后,数据恢复正常。

（5）问题追踪

本地发生雷击后,如发现 ADTD 型雷电监测设备回击利用率显著下降,应考虑接地异常等原因造成设备静电积聚的影响。接地异常会导致设备产生的静电无法释放,累积到一定程度会引起设备死机。建议对闪电定位仪进行独立接地,接地电阻≤4 Ω。

5.3.7　通过率质控异常引发状态告警后出现有规律间歇性告警

（1）操作方法

点击天衡系统标题区系统标识或"主页"按钮,再将鼠标移到"快速切换区"→"观测设备切换区"的"当前设备"图标上,点击浮窗上"雷电站"图标,即可显示雷电站的实时质量监控页面。点击"质量问题",再选择下方"状态数据评估",或在"雷电站质量监视情况"地图上点击可疑站点"拉萨国家基本气象站(雷电观测)",即可出现该站点考核评估图、数据评估图等。

（2）案例介绍

2022 年 4 月 13 日 6 时,西藏自治区拉萨国家基本气象站雷电观测状态异常告警,7 时正确率下降至 0.0%,台站处理后,持续出现间断性的通过率异常告警,噪声量由最初的 787 上升至 3400,该站雷电观测设备为 ADTD 型,4 月 13 日拉萨国家基本气象站雷电观测数据正确率如图 5.31 所示。

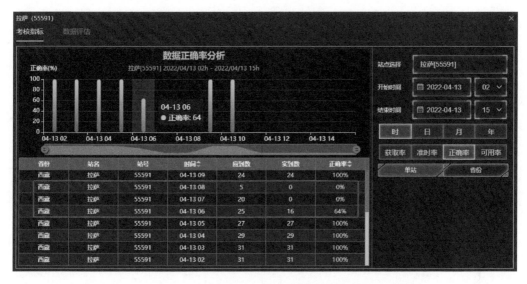

图 5.31　4 月 13 日拉萨国家基本气象站雷电观测数据正确率

4 月 12—20 日,拉萨国家基本气象站雷电观测状态图 5.32 所示。

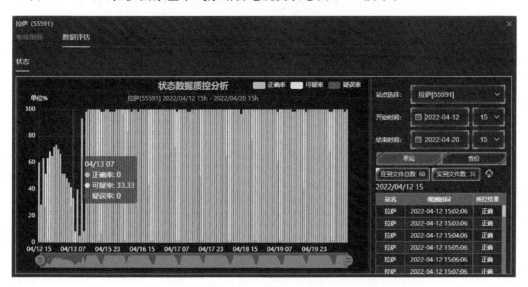

图 5.32　4 月 12—20 日拉萨国家基本气象站雷电观测状态

4 月 13 日,拉萨国家基本气象站雷电观测数据部分状态信息如图 5.33 所示。

4 月 18 日,拉萨国家基本气象站雷电观测数据部分状态信息如图 5.34 所示。

（3）分析方法

对拉萨国家基本气象站雷电观测数据进行持续观察分析发现:自 6 时 45 分—8 时 11 分, 数据正确率低于 85%。通过率质控结果为"可疑",噪声量逾限(787),数据获取率过低,应检查设备是否存在问题,4 月 15 日后通过率质控有规律地持续异常,并且噪声量达到 3000 以上,此时应考虑是否存在干扰。

（4）解决方案

分析数据质控结果发现:通过率质控异常,数据获取率也过低,应对设备进行全面检查,重

图 5.33　4 月 13 日拉萨国家基本气象站雷电观测数据部分状态信息

图 5.34　4 月 18 日拉萨国家基本气象站雷电观测数据部分状态信息

点检查设备电子盒是否存在问题。对于 ADTD 型设备,该现象 CPU 板出现问题的概率偏高。如台站无法解决,应及时联系厂家进一步排查问题,必要时更换设备组件。

4 月 15 日开始,通过率质控结果异常有一定的规律性,可以作为存在干扰的判断依据,建议在相应时段对探测环境进行电磁环境检查。

(5)问题追踪

4 月 13 日,经现场排查,该站 CPU 板损坏。更换后,数据恢复正常。持续出现间断性数据异常的原因是环境电磁干扰。干扰源消除后,数据恢复正常。

5.3.8　外部干扰且自检质控异常引发状态告警

（1）操作方法

点击天衡系统标题区系统标识或"主页"按钮,再将鼠标移到"快速切换区"→"观测设备切换区"的"当前设备"图标上,点击浮窗上"雷电站"图标,即可显示雷电站的实时质量监控页面。点击"质量问题",再选择下方"状态数据评估",或在"雷电站质量监视情况"地图上点击可疑站点"荆州国家基本气象站（雷电观测）",即可出现该站点考核评估图、数据评估图等。

（2）案例介绍

2022 年 3 月 31 日起,湖北省荆州国家基本气象站雷电观测状态异常告警,可疑率为 100%,该站雷电观测设备为 ADTD 型。3 月 31 日,雷电观测状态数据质控结果如图 5.35 所示。

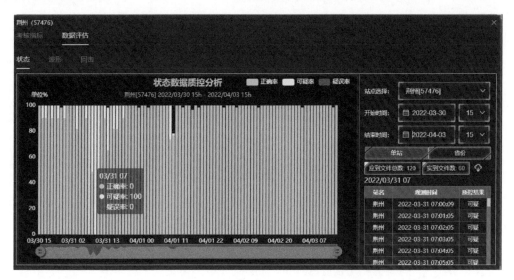

图 5.35　3 月 31 日湖北省荆州国家基本气象站雷电观测状态数据质控结果

（3）分析方法

对湖北省荆州国家基本气象站雷电观测数据进行持续观察分析发现:自 3 月 31 日 6 时起,自检质控 4 h 异常率达 60%,据此判断该站设备数据不可用。

（4）解决方案

依据设备数据质控结果发现:自检质控异常,应重点对该站设备 GPS 模块、硬件核心处理单元等进行检查,并对该站数据进行追踪观察。如台站无法解决,应及时联系厂家进一步排查问题,必要时更换设备组件。

（5）问题追踪

经现场排查,判断为晶振模块故障,且天气雷达对其有干扰,更换新型数据采集单元模块后,数据恢复正常。如存在干扰,需长期追踪。在综合气象观测业务运行信息化平台备注设备更换信息,后续跟踪设备更换前后数据一致性的对比。

5.3.9　DDW1 计数器异常导致的设备异常

（1）案例介绍

2021 年 9 月 2 日 0 时 19 分,湖南省怀化国家基本气象站雷电观测设备计数器发生跳变,如图 5.36 所示。

datetime	angle	bintensity	timeqc	angleqc	eqc	bqc	sqc	tqc	hdqc	qc	Num	F
2021-9-2 0:20	3.7724	0.00873159	0	0	0	0	0	0	0	0	513	
2021-9-2 0:19	0.544119	0.00331609	0	0	0	0	0	0	0	0	509	
2021-9-2 0:19	3.77728	0.00305184	0	0	0	0	0	0	0	0	507	
2021-9-2 0:19	1.77023	0.00228645	0	0	0	0	0	0	0	0	541344066	
2021-9-2 0:19	3.70711	0.00867619	0	0	0	0	0	0	0	0	503	
2021-9-2 0:19	3.8429	0.00406468	0	0	0	0	0	0	0	0	501	
2021-9-2 0:19	1.10101	0.003476	0	0	0	0	0	0	0	0	499	

图 5.36　湖南省怀化站计数器跳变

2021 年 9 月 2 日 6 时 54 分，河北省乐亭国家基本气象站雷电观测设备计数器发生跳变，如图 5.37 所示。

datetime	angle	bintensity	timeqc	angleqc	eqc	bqc	sqc	tqc	hdqc	qc	Num
2021-9-2 6:54	3.51182	0.00280043	0	0	0	0	0	0	0	0	1492
2021-9-2 6:54	3.52331	0.00273609	0	0	0	0	0	0	0	0	1491
2021-9-2 6:54	3.50063	0.00268026	0	0	0	0	0	0	0	0	1490
2021-9-2 6:54	3.47059	0.00285942	0	0	0	0	0	0	0	0	16841
2021-9-2 6:54	3.50668	0.00287146	0	0	0	0	0	0	0	0	1480
2021-9-2 6:54	3.51226	0.00269858	0	0	0	0	0	0	0	0	1479
2021-9-2 6:54	3.5383	0.00286928	0	0	0	0	0	0	0	0	1478

图 5.37　河北省乐亭站计数器跳变

2021 年 9 月 2 日 7 时 33 分，江西省九江国家气象观测站雷电监测站，雷电观测设备计数器发生跳变。17 时 33 分，重启计数器后观测数据如图 5.38 所示。

datetime	angle	bintensity	timeq	angleq	eq	bq	sq	tq	hdq	q	Num
2021-9-2 18:37	1.45215	0.00931613	0	0	0	0	0	0	0	0	4
2021-9-2 18:37	4.51607	0.00323915	0	0	0	0	0	0	0	0	3
2021-9-2 18:37	2.55276	0.00399232	0	0	0	0	0	0	0	0	2
2021-9-2 18:37	0.791616	0.00745591	0	0	0	0	0	0	0	0	1
2021-9-2 17:33	3.85926	0.0120183	0	0	0	0	0	0	0	0	113279
2021-9-2 17:33	2.41287	0.0164426	0	0	0	0	0	0	0	0	113278
2021-9-2 17:33	2.71993	0.017403	0	0	0	0	0	0	0	0	113277
2021-9-2 17:33	5.71573	0.028478	0	0	0	0	0	0	0	0	113276

图 5.38　江西省九江站计数器重启

（2）分析方法

计数器具备监测丢帧功能，如计数器和实到数一致则到报率为 100%。后台记录能清晰发现计数器的异常变化。计数器跳变会导致数据计数存在异常偏大，对数据统计分析等存在一定影响。计数器重启，导致数据计数不连续，同样对数据统计分析等存在一定影响。

（3）解决方案

排查方法为：同一天内，出现相同的计数值则发生了计数器重启现象。

计数器跳变可能由通讯故障导致，可通过检查 NPORT 运行情况、配置信息以及接口插件进行排查。计数器重启一般是程序内部出现异常，自动复位可恢复。

（4）问题追踪

乐亭国家基本气象站：经排查，确定为 NPORT 与通信线间可能存在接触不良问题，导致通信不稳定。更换 NPORT 和接口插件，数据恢复正常。

怀化国家基本气象站：更改 NPORT 配置，数据恢复正常。

九江国家气象观测站：经排查，为计数器重启导致，原因是程序内部出现了异常，自动复位。

5.3.10　ADTD 型搜星不过造成传输中断

（1）操作方法

点击天衡系统标题区系统标识或"主页"按钮，再将鼠标移到"快速切换区"→"观测设备切换区"的"当前设备"图标上，点击浮窗上"雷电站"图标，即可显示雷电站的实时质量监控页面。点击"质量问题"，再选择下方"状态数据评估"，或在"雷电站质量监视情况"地图上点击可疑站点"麻城国家基本气象站（雷电观测）"，即可出现该站点考核评估图、数据评估图等。

（2）案例介绍

2021 年 9 月 1 日 18 时起，湖北省麻城国家基本气象站雷电观测状态数据获取率为18.33％，19 时开始无数据，该站雷电观测设备为 ADTD 型。9 月 1 日，麻城国家基本气象站雷电观测数据获取率如图 5.39 所示。

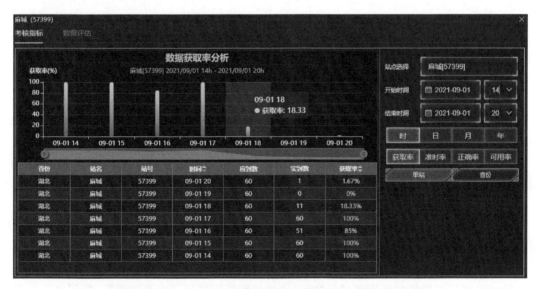

图 5.39　9 月 1 日麻城国家基本气象站雷电观测数据获取率

（3）分析方法

对麻城国家基本气象站雷电观测数据持续观察分析发现：该站数据获取率自 1 日 18 时开始低于 85％，并持续下降至 0.0％，即无法获取数据，一般情况下应首先考虑供电或通信问题，排除以上问题后，需要进一步分析原因。

（4）解决方案

供电检查：首先检查电源盒的供电指示灯，如指示灯正常，有直流输出，再检查电子盒（故障概率偏大），如无直流输出，判断为总线损坏。如电源盒供电指示灯异常，220 V 电源和线缆均正常时,一般即可判定电源盒故障。

电源盒检查:输出电压值低于参考值,除 5 V 电压可调节外(参考 5.3.4 节),其余电压异常需要更换电源盒。

通信检查:首先需要检查通信线缆是否存在短路、断路情况。ADTD 型闪电定位仪使用 232 串口通信,应检查 TD 与 RD 是否交叉接线。检查 NPORT 参数配置,或者恢复出厂设置后,重新配置参数。检查闪电定位仪的 IP 地址是否与局域网中的 IP 冲突。检查交换机端口 4001 是否被占用等。

现场检查中发现:电源盒 FL 灯闪烁,ST 灯不亮,表示"搜星不过",不能启动自检程序,无法正常上传数据。控制设备搜星主要靠 GPS 天线、GPS 板,可以更换相应备件。各个状态指示灯的状态对应关系如图 5.40 所示。

电子盒指示灯					电源盒指示灯				状态
1	2	3	4	5	RD	TD	FL	ST	
灭	闪	闪	闪	灭	灭	灭	闪	灭	搜星
亮	亮	亮	亮	亮	灭	灭	亮	亮	自检
亮	灭	灭	灭	灭	灭	闪 (30秒)	灭	亮	正常
闪	灭	灭	灭	灭	灭	闪 (30秒)	灭	闪	失败

图 5.40　ADTD 型闪电定位仪指示灯状态示例

GPS 板在电子盒中,可以与电子盒一同更换,更换方法参考 5.3.1,在本案例中,对 GPS 天线的更换步骤进行简述,GPS 板如图 5.41 所示。

GPS 天线安装在玻璃钢罩内部,拆下玻璃钢罩下方 3 颗固定螺丝即可将玻璃钢罩取下。闪电定位仪 GPS 天线连接在电子盒上,将玻璃钢罩取下后划开屏蔽罩即可看到电子盒,如图 5.42 所示。

GPS 天线与 GPS 模块接触点较小,用手直接拔插很容易将铜头拔断,更换 GPS 天线时,使用一字螺丝刀撬出,如图 5.43 和图 5.44 所示。

(5)问题追踪

麻城国家基本气象站维修单记录显示,维修过程最后进行了电源盒更换,建议维修过程首先排查电源盒关键电压输出是否正常。

5.3.11　雷击影响造成传输中断

(1)操作方法

点击天衡系统标题区系统标识或"主页"按钮,再将鼠标移到"快速切换区"→"观测设备切换区"的"当前设备"图标上,点击浮窗上"雷电站"图标,即可显示雷电站的实时质量监控页面。点击"质量问题",再选择下方"状态数据评估",或在"雷电站质量监视情况"地图上点击可疑站点"柳州国家基本气象站(雷电观测)",即可出现该站点考核评估图、数据评估图等。

图 5.41 ADTD 型闪电定位仪 GPS 板示例

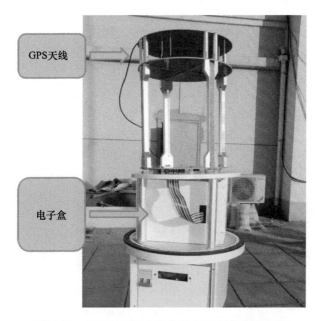

图 5.42 ADTD 型闪电定位仪 GPS 天线位置示例

(2)案例介绍

2021 年 5 月 8 日 2 时,广西壮族自治区柳州国家基本气象站雷电观测设备遭遇雷击,该站雷电观测设备型号为 ADTD 型,数据获取率下降至 0.0%,维修后获取率开始恢复,但正确率仍不符合要求。5 月 8 日,柳州国家基本气象站雷电观测数据获取率如图 5.45 所示。

5 月 8 日,柳州国家基本气象站雷电观测数据正确率如图 5.46 所示。

(3)分析方法

对柳州国家基本气象站雷电观测数据进行持续观察分析发现:该站数据获取率自 5 月 8

图 5.43　ADTD 型闪电定位仪 GPS 板上天线接插位置示例

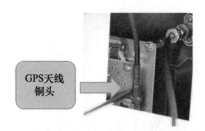

图 5.44　ADTD 型闪电定位仪 GPS 天线铜头示例

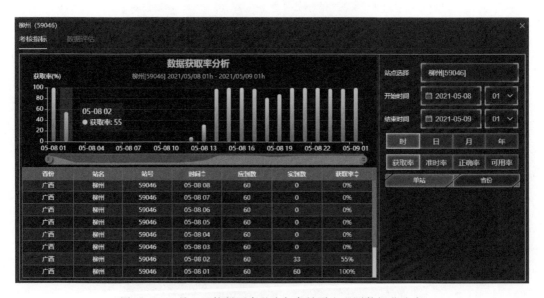

图 5.45　5 月 8 日柳州国家基本气象站雷电观测数据获取率

日 2 时开始低于 85%,并持续下降至 0.0%,即无法获取数据。一般情况下应首先考虑供电或通信问题,否则需进一步分析原因。数据获取率恢复正常后,正确率一直低于 85%,主要为自检质控结果异常,直至 5 月 11 日全部恢复正常。

(4)解决方案

柳州国家基本气象站雷电观测数据异常原因为遭受雷击影响,雷击引发的异常一般为系统性的,需综合考虑设备的工作过程,如图 5.47 所示。

排查顺序为:供电系统(含电源盒)、通信系统、核心处理单元(含电子盒)等。首先检查供电,并对电源盒进行检查,检查方法参考 5.3.4 案例一。根据指示灯判断是否有"搜星不过"的

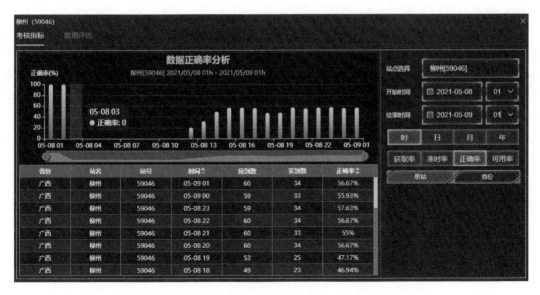

图 5.46 5 月 8 日柳州国家基本气象站雷电观测数据正确率

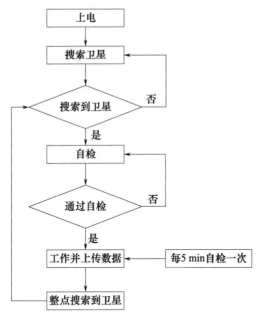

图 5.47 ADTD 型闪电定位仪的设备工作过程图

现象,检查方法参考 5.3.10 节的案例一。检查是否存在自检异常,自检异常的检查方法参考 5.3.2 节案例一、5.3.3 节案例一。中心站一直无法收到数据需对通信系统进行排查,排查方法参考 5.3.10 节案例一的通信检查方法。

雷电流引入容易造成设备烧毁,通过外观进行雷击排查更加直观。从影响面来看,供电模块与通信模块更易受到影响。

(5)问题追踪

检查电源盒供电电压和指示灯后,对异常发热的 NPORT、保险、电子盒进行了更换,之后发现仍然"搜星不过",更换电源盒后正常。

　　间接雷击形成的强大电流经地网影响雷电观测设备,包括232通信设备的数字地线、供电的地线均可能将大电流引入设备。该案例中,NPORT模块异常发热,可大致判断雷击大电流已造成通信模块故障。供电保险熔断,说明雷击大电流已影响到电源盒,雷击后的电源可靠性会大大降低,仅凭电压无法判定是否完全正常,而电源盒为雷电观测设备多个关键模块供电,其影响是系统性的。

　　保险丝熔断时,更换保险丝后,应对市电以及电源模块进行测试,确定正常后重新上电,否则容易造成二次故障。

第 6 章　高空气象观测

6.1　分析方法

探空数据质量问题站点评价指标包括 O-B 评估、探空平均高度、测风平均高度、业务工作过程。

6.1.1　O-B 评估

利用 CMA-GFS 模式作为背景场,与探空观测数据进行时空匹配,计算并分析观测与模式(O-B)之间的平均偏差、标准偏差、均方根误差等,对 O-B 结果设置阈值,实现可疑站点的初步识别。

6.1.2　探空平均高度

探空平均高度是指在选取的评估时段内探空终止高度的平均值。

探空平均高度是根据 S 文件中的探空终止高度计算其平均值,单位:m,取整数位。

评估指标为非 GCOS 站探空平均高度≥26000 m;GCOS 站探空平均高度≥30000 m。

6.1.3　测风平均高度

测风平均高度是指在选取的评估时段内测风终止层量得风层海拔高度的平均值。

测风平均高度根据 S 文件中的测风终止层量得风层海拔高度计算其平均值,单位:m,取整数位。

评估指标为非 GCOS 站测风平均高度≥24000 m;GCOS 站测风平均高度≥28000 m;2 时单独测风平均高度≥18000 m。

6.1.4　业务工作过程

业务工作过程用以规范和量化高空气象观测业务中的人工操作环节,业务工作过程通过 S 文件中获取的重放球、施放不合格仪器以及早测、迟测情况等信息进行考核。

(1)重放球

重放球是指某次常规观测未达到规范要求高度(500 hPa 或者不足 10 min)而必须进行的再观测,分非人为重放球和人为重放球 2 种情况。非人为重放球是指因台风过境、大风(风速 14 m/s 或以上)、暴雨、暴风雪、无法及时恢复的雷达故障、传感器变性、雷击、高度未到 500 hPa(或者观测不足 10 min)、球炸等原因造成的重放球。其他原因造成的重放球视作人为重放球。重放球应在正点放球后 75 min 内进行。

评估指标为是否有重放球。

（2）施放不合格仪器

施放不合格仪器是指施放了基值测定不合格的探空仪或错用了探空仪参数文件等。

评估指标为是否有施放不合格仪器。

（3）早测

早测是指在规定正点时间前开始进行观测。

评估指标为是否有早测。

（4）迟测

迟测是指超过规定正点时间 5 min 以上开始进行观测，迟测分人为迟测和非人为迟测。由于人为原因未能做好放球前的准备工作而造成的迟测，视作人为迟测。由于台风、大风（风速 14 m/s 及以上）、暴雨、暴风雪、雷达故障、仪器故障等非人为因素造成的迟测，视作非人为迟测。

评估指标为是否有迟测。

6.1.5 评价标准

探空数据质量问题评价标准：①位势高度：评估高度为 30～1000 hPa 的标准层，要求样本数≥10，至少有 3 层均方根误差加权后≥100，各层标准不同，挑选 3 层均方根误差中最大的一层输出为可疑层。风向：评估高度为 500～150 hPa 的标准层，要求样本数≥10，平均偏差绝对值≥10，标准偏差＜30，最大扩散＜10，全部满足标准后输出为可疑数据。风速：评估高度为 1000 hPa～100 hPa 的标准层，要求样本数≥10，均方根误差≥15，各层标准不同，全部满足标准后输出为可疑数据；②非 GCOS 站探空平均高度小于 26000 m，GCOS 站探空平均高度小于 30000 m；③非 GCOS 站测风平均高度小于 24000 m，GCOS 站测风平均高度小于 28000 m，2 时单独测风平均高度小于 18000 m；④有重放球现象；⑤有施放不合格仪器的情况；⑥有早测现象；⑦有迟测现象。

6.2 问题原因

探空观测数据质量问题主要包括：探空仪、计算机、雷达运行状态异常或天气等导致探测数据不完整。观测端人工数据质量控制缺失。飞点与异常数据等未处理或未有效处理、记录处理不规范等。

6.3 案例分析

6.3.1 雷达故障质量改进案例

6.3.1.1 雷达天线馈源出现故障导致高差异常

（1）操作方法

点击天衡系统标题区系统标识或"主页"按钮，再将鼠标移到"快速切换区"→"观测设备切换区"的"当前设备"图标上，点击浮窗上"探空站"，即可显示探空站的实时质量监控页面。点击"数据评估"，再选择下方位势高度图标，或在"全国探空站高度评估"地图上选中可疑站点马鬃山，双击即可出现该站点观测—模式偏差时序图、垂直分布图等。

（2）案例介绍

2021 年 8 月下旬开始,甘肃省马鬃山探空站多次出现位势高度观测值异常,探空位势高度观测值异常的情况,如图 6.1 所示。

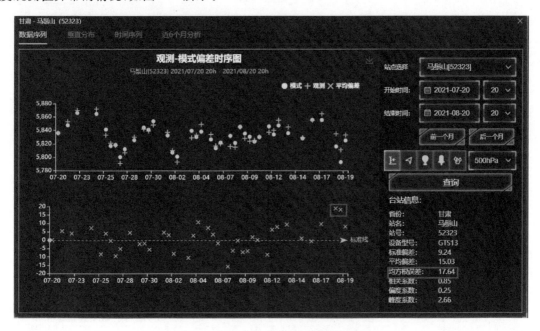

图 6.1　探空位势高度观测值异常示例

马鬃山探空站探空位势高度观测值异常,均方根误差为 17.64,主要是在高层 30 hPa,如图 6.2 所示。

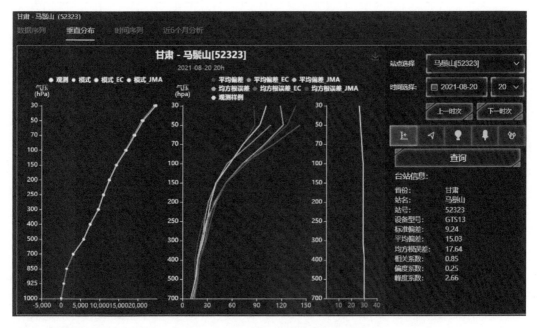

图 6.2　探空位势高度观测值异常示例

出现上述情况时,雷达斜距凹口自动跟踪正常,探空信号接收正常,但有报警声提示,雷达控制界面高差数值非常大,如图 6.3 和图 6.4 所示。

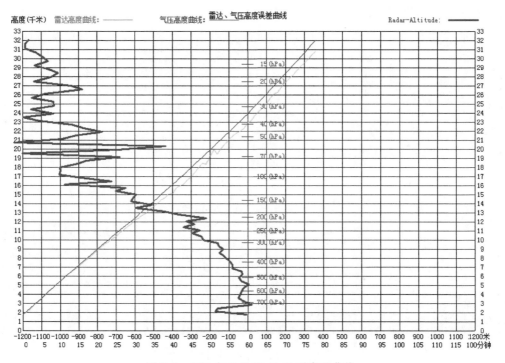

图 6.3　2021 年 8 月 20 日 20 时高差曲线

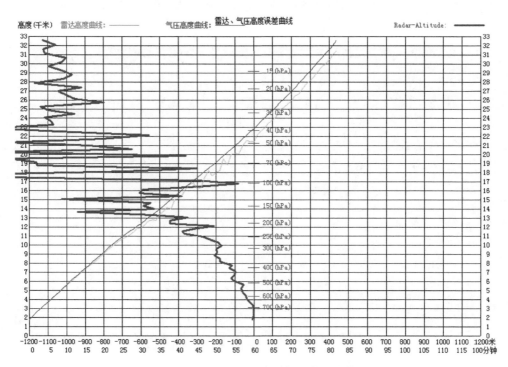

图 6.4　2021 年 8 月 21 日 8 时高差曲线

（3）分析方法

因个别探空仪的性能问题，施放过程中有可能出现高差偏大报警的现象，排查时首先考虑更换探空仪来验证，多次更换探空仪后高差依然大时，需检查雷达相关电路及机械部分。

（4）解决方案

初步判断：雷达天线的馈源出现故障，更换后，高差大的问题得以解决。雷达天线馈源在天线座上需分方向安装，不能随便更换，与厂家协调配件时间较长，雷达天线馈源出现故障影响高空探测时次偏多，影响了高空观测数据质量。

（5）问题追踪

在更换配件后探空位势高度观测值恢复正常，如图 6.5 和图 6.6 所示。

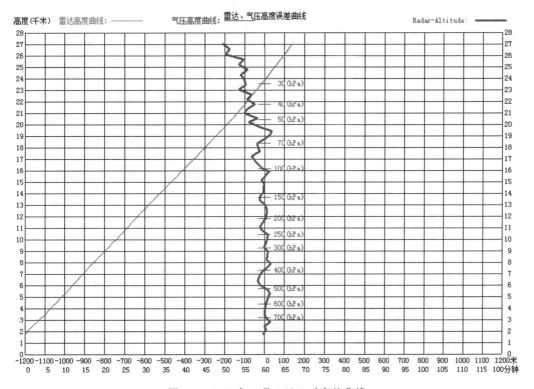

图 6.5　2022 年 4 月 1 日 8 时高差曲线

6.3.1.2　雷达标定异常导致风向观测与模式偏差较大

（1）操作方法

点击天衡系统标题区系统标识或"主页"按钮，再将鼠标移到"快速切换区"→"观测设备切换区"的"当前设备"图标上，点击浮窗上"探空站"图标，即可显示探空站的实时质量监控页面。点击"数据评估"，再选择下方风向图标，或在"全国探空站风向评估"地图上选中可疑站点甘孜（黄色站点），即可出现相关信息。

（2）案例介绍

2019 年 4 月，四川省甘孜探空站评估结果显示 300 hPa 风向数据可疑，如图 6.7 所示。

300 hPa 观测—模式偏差时序图、观测—模式垂直廓线图偏差明显，偏差数值为 -36.7，平均偏差 -13.41，标准偏差 10.9，均方根误差 17.29，如图 6.8 和图 6.9 所示。

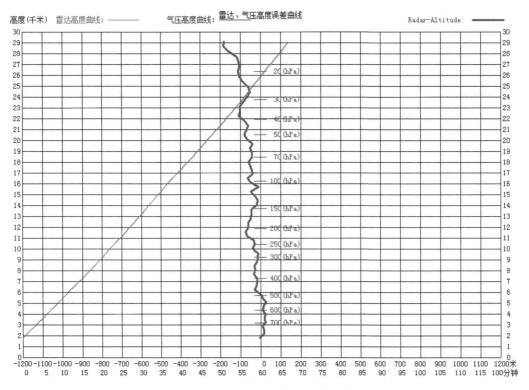

图 6.6　2022 年 4 月 18 日 8 时高差曲线

图 6.7　甘孜探空站风向异常可疑示例

（3）分析方法

对风向有影响的要素主要是方位数值错误，引起方位数值错误的原因包括：雷达故障导致的方位角不准确，雷达标定时天线水平、仰角零度、三轴一致性、方位角零度、粗精搭配等某个环节标定不正确。一般从易到难进行故障排查，本次风向可疑原因可以从雷达故障开始排除。

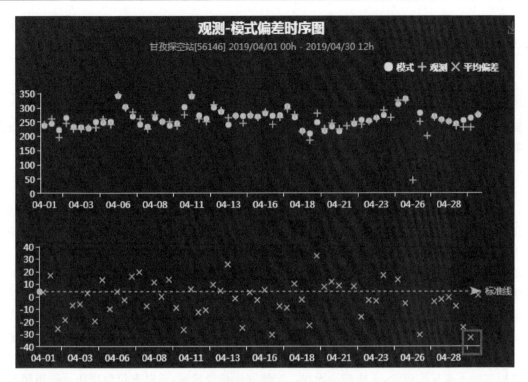

图 6.8 观测—模式时序（300 hPa）

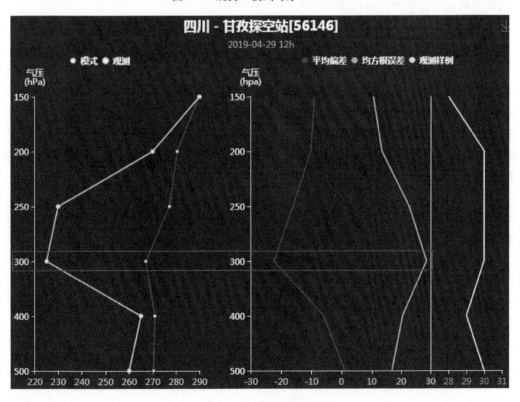

图 6.9 观测—模式垂直廓线图

雷达故障的排查方法:查看 4 条亮线是否两两不齐;目标移动变化慢时,雷达方位角读数是否随之变化。

标定是否正确排查方法:用炮瞄镜对固定目标物进行检查,或进行雷达对比观测。

(4)解决方案

通过对雷达故障排查、用炮瞄镜对固定目标物进行检查、进行对比观测分析,初步判断为L 波段测风雷达标定异常导致该站风向数据存在显著偏差。重新对雷达进行标定,雷达恢复正常运行,风向不再提示"可疑"。

(5)问题追踪

故障现象:目标移动变化慢时,雷达方位角读数不随之变化。

分析与维修:在高空风较小的季节,特别是在平流层的下层,雷达跟踪气球时,其方位角、仰角变化很小。天线变化的传动是由齿轮来完成的,当方位角、仰角变化很小时,齿轮转动速度慢,其移动的间距小,如齿轮间的吻合不好,或留有空隙,两齿轮的传动达不到最佳状态,造成雷达读数没有随气球的较小移动而改变,表现为读数长时间不变,此现象对方位角的影响尤其明显。打开天线座,卸下同步方位齿轮,用一字螺丝刀把上下两个齿轮对齐,再用细铜线将其固定好。再将同步轮系按拆下前的位置装上,拧上 4 个内六角螺丝,将双片齿轮与同步齿轮靠紧,两齿轮间不得留有间隙。可由 2 人配合完成,一人顶紧同步轮系,另一人将内六角螺丝拧紧(应对角拧紧)。拧紧同步机轴夹板上的 2 个螺丝后,用尖嘴钳将双片齿轮上的铜线拆掉。注意拆卸时不要损伤齿轮,不要转动天线。安装完同步齿轮后,需对方位角度指示做粗精搭配检查,最后再对方位重新进行标定。

6.3.1.3　探空雷达仰角发生 10°跳变导致测风数据异常

(1)案例介绍

2018 年 4 月 15 日 7 时,广西壮族自治区百色探空站,放球后仰角数据显示异常,具体表现为:高空放球软件的雷达仰角数据与此时刻雷达实际的仰角不相符,因探空高度与气压高度的高差过大导致放球软件报警。查看雷达摄像头传来的图像,发现探空仪与探空气球仍能处在镜头的中间位置,探空软件接收到的方位、温度、气压、湿度等其他数据均有较高的可信度。值班人员通过查看室外雷达确认自动跟球状况良好,且雷达仰角及方位的运行状况良好,未发生卡顿、卡位现象。

(2)分析方法

分析发现:仰角数据异常,仰角有较为明显的 10°跳变现象;且只能在 3.24°~13.23°之间变化,仰角低于 3.24°时,仰角数据跳变到 13.23°,相关记录见表 6.1。

表 6.1　探空雷达仰角读数从小到大发生 10°跳变

时间(分:秒)	仰角/°	方位角/°	斜距/m	高度/m
2:43	3.42	150.13	4292	1073
2:44	3.39	150.95	4276	1081
2:45	3.45	151.65	4272	1088
2:46	3.49	152.40	4272	1088
2:47	3.39	153.33	4284	1095
2:48	13.20	154.00	4288	1104
2:49	12.72	154.60	4288	1104

续表

时间(分:秒)	仰角/°	方位角/°	斜距/m	高度/m
2:50	12.22	154.97	4280	1112
2:51	11.71	155.18	4272	1118
2:52	11.32	155.26	4272	1124

当仰角超过 13.23°时,仰角数据会跳回到 3.24°。相关记录见表 6.2。

表 6.2　探空雷达仰角读数从大到小发生 10°跳变

时间(分:秒)	仰角/°	方位角/°	斜距/m	高度/m
71:35	13.22	76.03	72356	28541
71:36	13.23	76.06	72332	28542
71:37	13.23	76.02	72352	28542
71:38	13.23	75.99	72352	28614
71:39	13.23	76.00	72356	28544
71:40	3.24	75.99	72336	28581
71:41	3.24	76.01	72356	28581
71:42	3.25	76.03	72360	28597
71:43	3.26	76.03	72348	28635
71:44	3.27	76.04	72316	28635

（3）解决方案

雷达故障仅出现在其仰角显示上,其他各项功能均正常的情况下,雷达正常跟踪探空气球仰角可以在"−6°～ 92°"之间活动,说明天线装置、终端接口、俯仰驱动器、俯仰驱动电机、同步带等能正常工作,从以下几个方面进行判断处理。

1）首先对雷达及计算机进行断电重启,通过手控盒操控雷达上下移动,观察到仰角是否仍存在 10°跳变的现象（10°区间改变,而不是 3.24°～13.23°）。

2）考虑对主控箱里的轴角转换单元板（11-7 板）进行更换。

3）综上考虑,查找同步机方面的故障,分析仰角数据的小数点后两位数据可信度较高,初步判定精同步机正常。考虑粗同步机与精同步机的粗精搭配是否良好,具体操作步骤是:将11-7 号仰角轴转换单元板 S2 拨码开关的第一位拨到"ON"状态,缓慢匀速向下或向下摇动手控盒（注意室外的雷达仰角不要超越上下限,以免损坏雷达设备）,观察放球软件显示的仰角,小数点前后的两位数值的差值始终在 4 以内,判定粗精搭配也良好。将拨码盘恢复,接下来定位至粗同步机部位的故障,卸下仰角同步机舱的盖板,着重关注左侧粗同步机的状况,发现该同步机的焊接处存在虚焊现象。用万用表测量粗同步机的几个触点电阻,对比粗同步机备件的电阻,其阻值基本一致,可判定原同步机正常。用电烙铁对原粗同步机的各触点处的虚焊进行焊接后,恢复雷达并通电,仰角 10°跳变的现象消失,雷达故障排除。

（4）问题追踪

10°跳变现象是一种特点较为突出、案例较为典型的测角系统故障现象。在故障分析的初期,视故障现象具体情况进行分析,雷达的某些工作状态表示正常,即能跳过供电方面的检查,以及雷达天线馈源端至中频通道盒单元端间的线路、元件检查,可节省大量时间和工作量,更换粗同步机需注意以下几点。

1)鉴于仰角同步机的位置特殊性,如打开仰角同步机舱,则须卸下和差箱。

2)粗同步机检修完毕后把同步机机舱、和差箱恢复原状的过程中,建议使用 703 硅橡胶对各线缆头进行防水处理操作,以免雨水从缝隙渗入而导致设备损坏。

3)检修完成后对准雷达目标物,如发现雷达仰角的显示值与实际值存在偏差,须对雷达目标物重新标定(通过 11-7 号板左上角的 J1 脚进行短接标零)。

6.3.1.4　探空雷达方位发生 2°跳变导致测风数据异常

(1)案例介绍

2019 年 7 月 21 日 19 时和 22 日 7 时,广西壮族自治区百色探空站,放球前把探空仪悬挂好并升空,"天控"处于自动状态,发现此时雷达的方位示数较平时偏大 2°,且探空仪位置不在摄像头镜头的中间,而处在偏右的位置。

业务人员将"天控"切换到手动,通过手控盒调整雷达的方位使探空仪处于镜头正中央,雷达对准探空仪后,将"天控"切换到自动状态,镜头再次偏向右方。业务人员对雷达频率进行调整,将雷达频率设置偏高时(1677 MHz),探空仪的镜头能处在镜头的正中心,但示波器的 4 条亮线此时表现为前 3 条平齐,第 4 条偏高且冒虚。而雷达频率设置为正常范围时(1674 MHz),探空仪处在镜头偏右位置,此时示波器的 4 条亮线表现为两两不齐:第 1 条与第 2 条等高,第 3 条与第 4 条等高,前 2 条低、后 2 条高。

放球初期,探空仪和球飞出镜头外,业务人员在室外观察到雷达朝向与探空仪方向有一定偏差,但大致能跟踪,现象与旁瓣抓球有点类似。故放球过程的方位、仰角均不可信。

(2)分析方法

根据故障现象及经验,故障定位到"天控"与终端分系统,分析方法如下。

1)换相规律检查

检查换相规律能有效地校验雷达天控分系统功能。示波器中角度显示状态下有 4 条亮线,从左至右依次代表上、下、左、右路信号。

① 首先将一个通电的探空仪放置到距雷达一定距离外的固定平台上,若放球地点为静风,也可采用滞留气球法将探空仪悬挂在气球下,探空仪的放置高度选择在能避开地物回波、杂波的高度即可。

② 在适合的接收机频率下,将放球软件的"天控"按钮设置为"手动"状态,操纵手控盒使摄像机的镜头对准探空仪。

③ 观察摄像机中的画面,把雷达仰角进行小幅度抬升,如天控分系统正常,则上路电压信号增强,下路信号减弱,4 条亮线表现为第 1 条亮线变长,第 2 条亮线变短。把雷达仰角小幅度下移,第 1 条亮线会变短,第 2 条亮线变长。同理,雷达的方位小幅度地向左移,第 3 条亮线变长,第 4 条亮线变短。雷达的方位小幅度向右移时,第 3 条亮线变短,第 4 条亮线变长。

2)程序方波测量

终端分系统中的 11-6 号板也与天控分系统有密不可分的联系。11-6 号板产生程序方波最终达到雷达的馈源处,通过一系列的解调编译确定探空仪相对于雷达的仰角与方位位置。

测量程序方波之前,需将示波器进行一定的配置:将示波器的输入源 X、Y 拔出,把测笔接入 Y 输入源,将扫描速度旋钮调至"×1"或"×2"倍位置,此时在示波器上波形为一条横向水平直线。调整波形的位置使水平横直线在正中央位置,再调整 Y 输入源的电压测量范围(5 V,即一个大格表示 1 V)。示波器的配置完成。

11-6 号板 6XP1 插头上的针脚定义为:1 脚、2 脚为 GND,3 脚、4 脚、5 脚、6 脚分别为上、下、左、右四路程序方波。测电笔的一端接负极,另一端勾到 3 脚上即可在示波器上查看上路程序方波情况,11-6 号板的测量方法如图 6.10 所示。

程序方波还可以在和差箱内的开关管套处测量。若在 11-6 号板或开关管套处均测量不到程序方波,可以怀疑 11-6 号板存在故障,或开关管套存在短路,或 VK105 组件损坏。正常情况下的程序方波的波形如图 6.11 所示。

 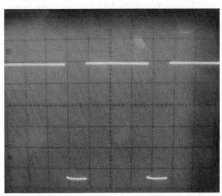

图 6.10　程序方波的测量示意图　　　　图 6.11　示波器上程序方波的波形示意图

（3）解决方案

1）如更换主控箱里的 11-6 号板（天控单元）与 11-8 号板（方位轴角转换单元）,故障现象仍存在。测量 11-6 号板 XP1 的 3～6 脚的程序方波,示波器显示的程序方波波形正常。

2）打开室外雷达和差箱,并测量 4 个开关管套处的程序方波,其波形正常,初步确认从主控箱至和差箱 VK105 处之间的线路为正常。把和差箱至馈源间的 4 条线缆两头断开,用万用表的欧姆档测量线缆的内芯与外壳,测量结果为开路,则 4 条电缆线不存在短路现象。再检查电缆线（与馈源连接端）的直角弯头处的焊接是否存在虚焊现象,重点检查左、右两条电缆线（此处需用一字螺丝刀拧开后取出橡胶垫片可以看到焊点,发现连接处焊接完好）,并未出现接触不良或虚焊现象。把电缆线接回,雷达恢复原状。

3）测量室内主控箱 11-6 号板 XP1 的 5、6 脚程序方波的同时,操作手控盒使雷达向左或向右移动,观察到程序方波的负电压并未随着方位的变化而变化,可确认从主控箱至馈源之前的整条线路并未存在故障,仅剩馈源、WT8-WT11 线缆组未检查。

4）更换 WT8-WT11 线缆组,故障仍未排除,通过简单的电阻测量、调换馈源位置等观察故障现象是否改变。用万用表测量各馈源中芯与外壳间的电阻可判定馈源好坏,正常的馈源阻值在 0.5 Ω 左右,越是好的馈源其阻值应越小。如判断右馈源故障,则把右馈源与下馈源进行调换,再开机观察雷达故障现象是否从方位转移到仰角,如故障未排除,则考虑左馈源或其他部位出现故障。

综合判断分析表明:故障的原因为左馈源的故障（其阻值为 6.7 Ω）,馈源更换后,故障排除,检查 4 条亮线的换相规律正确,雷达恢复正常。

（4）问题追踪

天控分系统定位准确。放球过程中因雷达或探空仪问题出现"凹口"的异常（变弱、消失、移位），造成观测的斜距不准确，可适当调整频率，确保探空数据接收正常。本次故障按"主控箱单元板→和差箱→线缆→馈源"的顺序逐项进行排查。通常，程序方波在和差箱处测量可排除室内部分故障，在解决天控分系统的问题上可视为一种有效、方便、快捷的方法，掌握其具体测量方法尤为重要。

综上所述：若程序方波异常，则需更换其相应位置的 VK105，或更换整个开关管套，需注意开关管套的备件可能其串联电阻为 50 Ω 的电阻，需加工换接为 100 Ω 的电阻使其与其他的开关管套线路的电流保持一致。和差箱盖板盖上后需注意做好防水措施。电缆线、馈源的芯与外壳电阻在正常情况下分别为开路和短路状态。完成天控分系统的故障排查后，使雷达对准探空仪，观察其换相规律变化是一种直接有效的检验手段。

6.3.1.5　雷达天线馈源出现故障导致重放球和探测数据不完整

（1）案例介绍

2018 年 5 月 27 日 7 时，广西壮族自治区百色探空站，第 1 个球放球后 20 s 左右球过顶丢球，2 min 后人工手动抓到球，但 7 min 后雷达不能自动跟踪。启用应急接收机接收信号差，只能取 3～7 min 的测风数据。由于下雨不具备补放小球条件，重放第 2 个球的同时启用应急接收机接收数据，第 2 次放球也出现雷达不能自动跟踪，且 4 条亮线两两不齐，应急接收机信号差的现象。

（2）分析方法

2018 年 5 月 27 日 7 时，第 1 次观测压温湿变化曲线趋势符合变化规律，如图 6.12 所示。

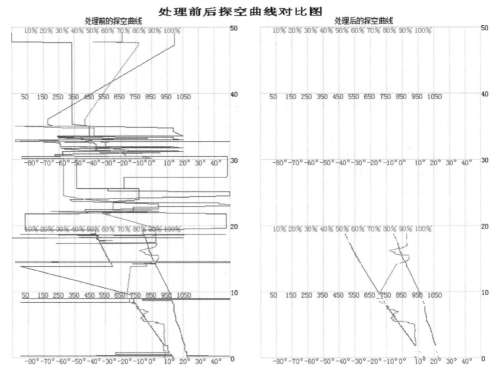

图 6.12　2018 年 5 月 27 日 7 时正点施放探空曲线

（注：红色为气温曲线，绿色为湿度曲线，蓝色为气压曲线。以下同类图，均与此图例相同）

为了排除雷达是否存在故障,在重放球时启用了应急接收机同时接收数据,但第 2 次放球也出现第 1 次探测的现象,且 4 条亮线两两不齐,确定属于雷达故障,同时应急接收机数据接收也不正常(事后检查应急接收机也有故障),因第 2 次探测高度低于第 1 次,因此该时次取第 1 次放球的资料。此次雷达故障造成探测数据不完整,探测高度未达考核要求。如图 6.13 所示。

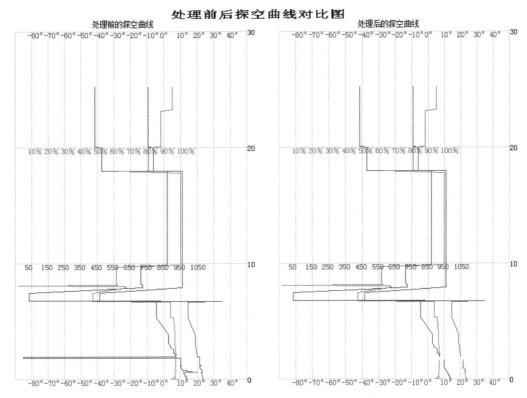

图 6.13　2018 年 5 月 27 日 7 时重放球探空曲线

(3)解决方案

一般亮线两两不齐,首先考虑 VK105 是否被烧坏。该站雷达大修后 VK105 二极管损坏频繁,考虑二极管的负载电流过大,其开关管套串联电阻只有 50 Ω,对 4 个开关管套更换 100 Ω 电阻,二极管击穿烧毁的现象得到改善,但仍不排除再次发生。根据故障现象,更换 11-6 号“天控”单元板,检查 4 路程序方波及和差箱中的 4 个开关管套,检测结果均正常。

5 月 28 日 9 时,对雷达再次检测发现和差箱与馈源之间的“23-21 下/WT2”线发生短路。从电路角度分析,电缆线不会轻易损坏,应是馈源本身的问题。借助网络分析频谱仪检查天馈线发现下馈源异常(从馈源中可甩出水),判定是馈源进水短路。更换馈源与馈线后,再次使用系留气球法检查,雷达跟踪能力恢复正常。从故障出现的时间上看,故障集中出现在 7 时。

(4)问题追踪

综合天气状况综合分析如下:故障期间多云间晴,高空风速较小,最大风未超过 20 m/s,雷达在放球全程中的仰角较高,初步判断为白天太阳暴晒,水珠蒸发成水汽,直到 19 时放球发生雷达故障的概率较小。经过晚上水汽重新凝结成水珠,因重力作用流至馈线处,从而影响到馈源,发生短路现象,所以故障集中于 7 时发生。

随着近 20 年来 GFE(L)1 型二次测风雷达—电子探空仪高空气象探测系统在全国范围内的全面推广应用,在探测范围和精度、观测数据质量、操作处理的自动化程度等方面,都较之原先的 59/GTS(U)2-1-701(C)雷达高空气象探测系统有了一个质的飞跃。新系统的采用,使得高空气象观测业务愈来愈依赖于 L 波段系统的正常稳定运行,探测系统设备故障成为了制约业务质量稳定提高的最大瓶颈。

1)一些设备故障因排除不及时造成观测资料缺失、观测数据失真,影响时段可能长达数日乃至十天、半个月,其对业务质量影响的严重程度已远远超出了因观测员个人疏失而造成的负面影响。

2)如何快速定位以及排除高空气象探测系统设备出现的故障,已经成为了当前各高空站提高业务质量水平的关键。而基层业务技术人员对高空气象探测系统设备的检修维护保障水平在很大程度上决定了台站整体高空气象观测业务水平的高低。

3)熟悉掌握 L 波段高空气象探测系统的工作原理和运行使用及维护维修方法,可保障其稳定运行,确保在每个观测时次都能够获取符合“三性”要求的高空气象观测数据。

为此,除了严格按有关规章制度落实好各种设备的日常维护和定期标校工作外,还需要在业务实践中不断探索、发掘、总结和感悟各种系统设备的维护维修方法和技巧,有效降低系统故障率,最大限度地消除设备误差或故障对业务质量造成的消极影响。

6.3.1.6　雷达故障导致测风数据缺测使用经纬仪补放小球

（1）案例介绍

2015 年 7 月 27 日 13 时 15 分,广西壮族自治区百色探空站,高空气象加密观测。球放出后雷达未跟踪,人工指挥抓球,此时太阳正处于天顶位置,无法从摄像头里看到气球,也无法把气球调整到摄像头中间再自动跟踪。L 波段雷达的垂直波瓣和水平波瓣宽度都≤6°,人工指挥存在一定偏差,点击天线自动跟踪按钮时气球跑出镜头外,自动跟踪不成功。造成 1～11 min测风数据缺测、探空数据部分缺测。

（2）分析方法

南方出现雷暴天气时,常伴随有狂风暴雨,风大丢球或雷达被雷击导致无法跟踪,需要启用经纬仪进行补测。经纬仪配有三脚架,但三脚架的高低调整、架设与观测者的身高和架设点的地形有很大关系。临时架设三脚架调整水平需要花费较多时间,特别是补放小球时,如准备时间过长,有可能造成部分记录缺测的后果。因此,对于观测位置比较固定的台站而言,最好用水泥或钢管做一个基本水平的固定经纬仪观测支架（墩）,一旦需要就可将经纬仪直接架在上面,与使用三脚架调整水平相比可节约 3～5 min,还能有效避免三脚架滑动而造成观测误差增大或经纬仪摔坏。

（3）解决方案

业务人员使用经纬仪补放小球:经纬仪补放小球后,选择“停止观测”,开始数据处理。在电子经纬仪系统软件安装工作机上,打开“经纬仪数据接收系统”,点击“数据接收”菜单,确定后输入补放小球时间。按下电子经纬仪面板上的“传输”按钮,即可开始传输。找到数据文件所在的目录 E:\ZXG01F 型光学测风经纬仪数据处理系统,及 Ldat 下的文件 S5921120150727.13.L,把该文件拷贝到探空业务值班机,打开“数据处理软件”,在“探空数据处理”菜单下选择“补放小球、雷达测风数据、经纬仪数据输入”子菜单,出现“补放测风方式”图,选择“补放小球”（用经纬仪单独补放 200 m/min 升速小球）,确定之后出现“输入小球测风数据”图,在界面上输入球

皮及附加物重、施放后仰角方位、施放时间,点"读入文件"按钮,从存放 S5921120150727. 13. L
文件的目录下读入文件。打开"探空数据处理"菜单下的补放小球测风探空记录表,即可看
到补放小球记录。打开高表-14,发现程序已自动将对应高度缺测的风数据补充。若经纬仪
系统软件安装在探空业务值班机上,则需要在放球软件地面参数的"补放小球"界面读入
文件。

(4)问题追踪

1)用电子经纬仪观测、传输方法适用范围:缺测数据较多、天气条件好可获得小球测风数
据较多、人工输入需要较长时间等。如缺测的数据较少或可获得的数据少,可人工录入。若天
气条件差,补放时抓球难,建议使用机械式经纬仪,在雷达测风数据的参考下快速抓到球,确保
补放成功。

2)经过查看状态文件,发现雷达高压磁控管电流正常,增益在 100 dB 左右,正常增益范围
50~60 dB,增益异常,状态显示异常。因此,放球前需注意观察雷达状态,查看各项参数是否
正常,确保每一次气球施放的成功。

3)丢球后,如已造成测风数据缺测,在短时间内无法抓回气球。此时要把雷达天线摇到探
空信号最强的位置,保证在 500 hPa 以下不造成探空数据缺测超过 5 min 而重放球的严重
后果。

4)如雷达故障,探空数据可正常接收、测风数据无法正常获取,且在施放前无法排除故障
时,可使用经纬仪同步跟踪大球的方法,在雷达测风曲线下用"修改球坐标数据"功能,输入经
纬仪正确数据,尽量降低测风数据缺测率。

6.3.2　记录处理质量改进案例

6.3.2.1　温度异常跳变记录合理性处理

探空数据对于研究和认识对流系统的机制、机理以及云内结构具有较高的价值。对探空
数据质控时,应首先考虑其数据真实性,排除仪器故障后,应结合多种观测产品、天气实况观察
曲线趋势进行分析,不可简单粗暴地人工修正,避免实用性跳变讯号被剔除。

(1)案例介绍

2013 年 6 月 27 日 8 时,广西壮族自治区百色探空站,高空探测记录 0 ℃层以上温度异常降
低,8 时地面记录中,Cb(积雨云)云底高度 3900 m,云量 8,记有雷暴和降水。如图 6.14 所示。

探空记录显示:探空气球上升到 661 hPa 和 631 hPa 之间时,出现了第一次温度跳变(图
6.14 中区域 A),温度从 12 ℃直降至 5.8 ℃;区域 A 下面,存在厚度 200 m 左右的气温由
10 ℃升至 12 ℃的浅薄逆温层。600 hPa 处出现第二次跳变(图 6.14 中区域 B),在几百米的
距离内从 4 ℃直降到 -10 ℃,又快速升温,到达 500 hPa 附近时升至 -4 ℃,直至 400 hPa 附
近结束波动,出现了与常规探空温度曲线有明显差异的剧烈跳变现象,直观表现为蓝色气压曲
线上的密集特征层。观察湿度曲线,发现整层大气除跳变区域外,湿度条件良好,跳变区域的
起始高度和最终高度与温度曲线的跳变高度一致,相对湿度从 90% 骤降至 15%,说明探空仪
进入与周围大气环境差异较大的干冷区内。探空气球进入跳变区域 A 时,风速达 8 m/s,对应
风向 236°;进入区域 B 时,风速达 10 m/s,对应风向 221°,表明探空气球进入了高空槽前西南
气流中。综合以上分析,在探空气球升速曲线上出现了 2 个升速跃升区域,显示外部环境的上
升气流加快了探空气球的上升速度,如图 6.15 所示。

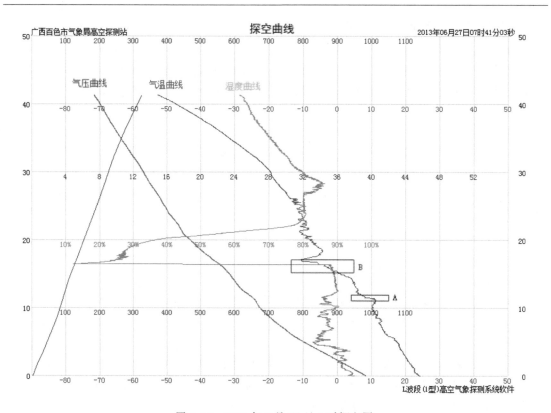

图 6.14　2013 年 6 月 27 日 8 时探空图

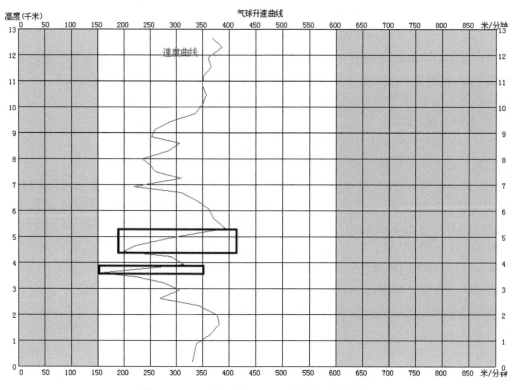

图 6.15　2013 年 6 月 27 日 8 时探空气球升速

图 6.15 中,方框标注区域为速度跃升区,纵坐标为高度(km),横坐标为速度(m/min)。

(2)分析方法

2013 年 6 月 27 日 8 时探空记录显示:温湿曲线在 661 hPa 附近出现一次短暂的跳变现象,原因是快速通过了一小块正在降水的低云,并未到达 0 ℃层(581 hPa/4.7 km),低云的温度高于周围环境,所以出现温湿曲线正扰动跳变,穿过低云后,温度降低,出现负扰动。

600 hPa 至 500 hPa 之间,温湿曲线出现剧烈负扰动跳变,原因是 0 ℃层附近是水汽相态变化最强烈的区域。液态水不断凝结成固态降水物,从高层凝结下落的降水物温度低,下落时又被强烈上升气流托住,停滞在 0 ℃层附近,大量热量被用于融化这些固态降水物,造成强烈的温差对比。被融化后的固态降水物转为液态水又被气流带到高空,重复这个凝结下落→融化上升→凝结下落的过程,直至上升气流减弱。温湿曲线的剧烈负扰动跳变反应了当时对流的旺盛程度。400 hPa 处为对流上限,探空仪传感器不再受降水物干扰,温湿曲线回到原变化趋势。

(3)解决方案

观察 0 ℃层以上温度异常降低的跳变记录个例中,可观察到跳变的出现与对流系统的发展相关联。探空曲线上往往出现厚度不一的逆温层和高湿层,逆温层储藏不稳定能量,高湿层显示探空气球进入云体内部富含的水汽和周围大气的潮湿程度,表示此时的大气条件十分有利于发展对流系统。

导致探测曲线出现温度异常降低原因:是由于对流系统中强烈的上升气流承托、减缓降水物的下落速度,探空器接触到大量聚集降水物(温度低于周围环境)。该现象反映了对流系统在有利的大气环境中发展的旺盛程度,记录真实、有效,做原样保留处理,可为预报员进行短时临近预报时判断降水强度提供佐证。

(4)问题追踪

探空温湿度异常跳变是系统真实情况的反映,而不是仪器特性改变造成的错误记录,是可以用大气动力学、热力学、云物理学等理论进行解释的。

跳变现象与对流系统或对流单体密不可分,多发生在系统或单体本体或附近区域,跳变剧烈程度决定于对流系统的发展程度、探空气球相对于对流系统或单体的位置和走向。

6.3.2.2　温度数据异常跳变未进行有效处理

探空记录出现跳变的原因包括:气象要素变化幅度大、程度剧烈,与常规气象观测要素变化趋势有明显差异,因此常被视为"疑误信息"而进行人工订正,业务人员将"疑误信息"修改为可接受范围内,使得许多真实的气象要素信息和对流天气信息被忽略。

(1)案例介绍

2015 年 6 月 19 日 8 时,广西壮族自治区百色探空站原始探空记录显示:850 hPa 起开始出现温湿曲线波动现象。5.3~5.5 km 突升现象加剧,温度由−3 ℃急升至 23 ℃后又恢复到 0 ℃左右,而后继续波动上升,5.9~6.4 km 处出现较明显的突降趋势后恢复到正常趋势,如图 6.16 所示。

结合其他资料进一步分析发现:被修正掉的突升趋势是由于对流系统发展引起的,并非虚假记录,如图 6.17 所示。

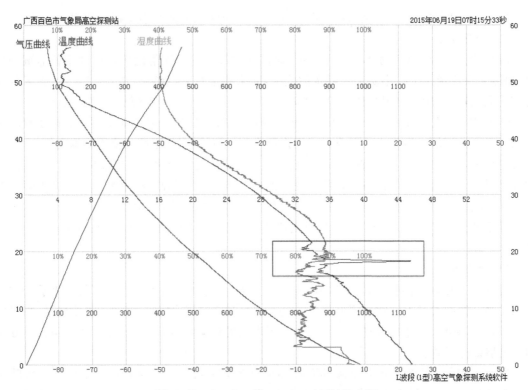

图 6.16　2015 年 6 月 19 日 8 时原始探空图

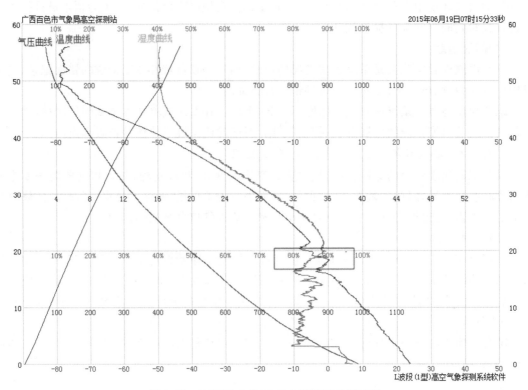

图 6.17　2015 年 6 月 19 日 8 时修正后探空图

在人工修正后的探空记录中,5.3～5.5 km 处剧烈的突升波动数据被删除,该段数据的连线较之前变得平滑,保留下来的跳变现象以突降为主,这一特点在探空图上的表现更为明显,如图 6.18 所示。

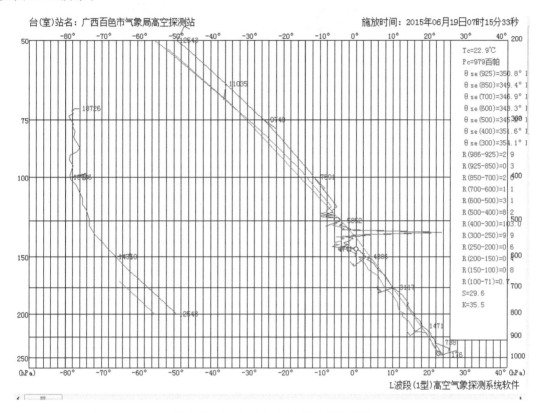

图 6.18　2015 年 6 月 19 日 8 时埃玛图

综上所述:业务人员依据现行高空气象观测规范进行了处理,导致预报人员或其他使用者不能获得真实的变化趋势。

(2)分析方法

2015 年 6 月 17—18 日,200 hPa 南亚高压中心位于藏南,高压脊线由江南南压到广西壮族自治区中北部,分裂出的副中心位于广东省北部。广西壮族自治区上空出现 12～22 m/s 的东北气流,辐散条件好。500 hPa 副热带高压环流显示 588 dagpm 线到达粤东沿海,南支槽东移从高压环流北侧上滑过广西壮族自治区,850 hPa 切变线到达广西壮族自治区北部,地面有冷空气从东路南下到达广西壮族自治区北部,云南省、贵州省、广西壮族自治区 3 省(区)交界处的锋区变得密集,有利于激发强对流天气。6 月 18 日 20 时,红外云图可见锋面云系活跃,多为独立云团,切变线附近形成对流云带;低层东北风、高层偏西风的风垂直切变明显,CAPE 值达 3431.2 J/KG,K 值为 41 ℃,SI 值为 −3.41 ℃,具备良好的对流条件,但湿层较薄,如图 6.19 所示。

6 月 19 日 7 时 15 分的雷达剖面图显示 35 dBz 以上强度回波伸展高度到达 6 km。探空气球发生跳变高度为 4.2～6.4 km,正处于回波强中心顶部,是上升气流的至高点,从 0 ℃层下落的冰水混合物被承托住,融化加热周边大气,又再次凝结融化,不断进行相态变化,温湿曲线升降起伏变化明显,如图 6.20 所示。

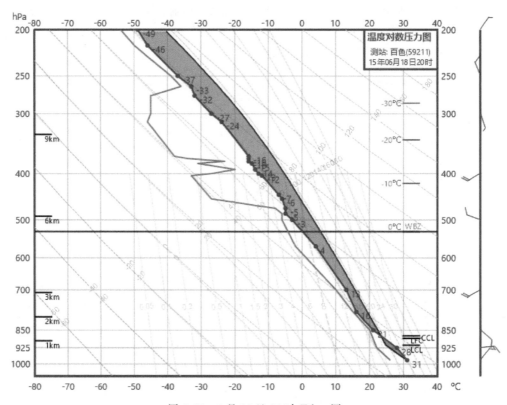

图 6.19　6 月 18 日 20 时 $T\text{-}\ln p$ 图

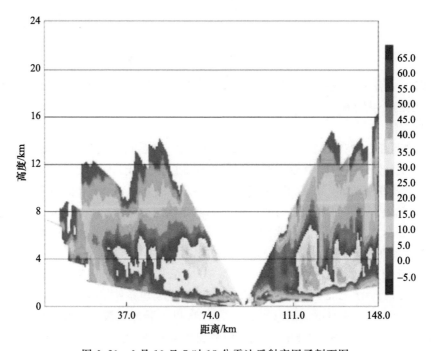

图 6.20　6 月 19 日 7 时 15 分雷达反射率因子剖面图

（3）解决方案

多源数据综合分析结论如下：6 月 19 日 8 时探空曲线的跳变现象真实存在，探空气球施放期间属于 MCC 成熟期，云团内部存在大范围向上的能量输送，原始探空记录中的剧烈正扰动实际上是 MCC 云团中出现的暖心结构，暖心结构的出现形成中低压，进一步增强了对流系统的辐合，可以视为是强对流天气的发生信号。修正后的探空记录里剔除了这个信号，造成了人工数据质量控制缺失，降低了这份探空资料的业务应用价值。

高空探测记录是大气环境场最直观的资料，剧烈的天气变化必然在高空各要素的分布及变化中表现出来。探空记录中的温湿曲线异常变化为对流系统发生发展对大气环境的直接反馈。因此，探空资料出现异常跳变是预报强对流天气的重要信息，值得深入研究和利用。依据高空气象观测规范，这种跳变记录大多被当作可疑数据舍弃或平滑掉，因为无法判定这种跳变的真伪。随着气象探测技术的发展和雷达等遥感探测技术的增多，为今后探空跳变资料真伪判断、资料应用和研究提供了新的方法。

（4）问题追踪

1）探空站点分布稀疏，探空观测时次较少（每天只有 2 个时次），每次观测需要时间较长（一次完整的探空观测需要 2 h），对中小尺度系统观测能力较弱。获取的中小尺度系统内资料更为珍贵。因此，在时空条件合适的情况下，可适时加密探测，如间隔 3 h 加密一次。中国气象局在补短板工程中增加风廓线仪、GNSS/MET 等项目的建设，还有正在研制的往返式智能探空系统，获取的探测气象数据将发挥较大作用。

2）利用常规探空资料、地面站资料，结合天气雷达资料，从原始资料入手，研究分析强对流天气过程中的大气物理量变化特征，分析夏季强对流天气高空资料呈现的跳变现象。尽量减少高空资料分析误差，充分利用业务一体化各类观测资料进行综合分析，为强对流天气预报提供支持。

6.3.2.3　温度异常跳变记录处理效果分析

（1）质控效果

对广西壮族自治区百色探空站 2018—2020 年探空曲线出现明显跳变现象的个例进行了统计分析，见表 6.3。

表 6.3　2018—2020 年探空曲线跳变个例统计

年	月	日	放球时次	国家站						自动站（含国家站）			
				暴雨	大雨	中雨	小雨	最大雨量/mm	最大站	大暴雨	暴雨	最大雨量/mm	最大雨量辖区
2018	8	4	7	—	3	7	2	44.6	田东	—	27	85.3	平果
2019	3	31	19	—	1	3	6	45.2	田东	—	2	56.3	田东
2019	4	25	19	—	1	7	4	35.3	田东	2	31	117.6	德保
2019	6	12	19	2	2	3	3	67.6	那坡	1	37	101	田林
2019	6	23	7	—	2	4	6	37	德保	—	3	88.7	那坡
2020	5	11	19	1	—	—	5	53.2	德保	—	18	87.5	德保
2020	6	5	7	—	6	5	1	46.9	凌云	2	64	157.7	田林
2020	6	24	19	—	—	1	8	14.3	田东	1	8	131.5	德保
2020	8	10	19	2	3	2	2	74.7	靖西	—	189	82.2	靖西

注：雨量为放球时次之后的 24 h 累积雨量。国家站总数为 12 站，自动站总数为 480 站。

由表 6.3 可知,个例中的降雨范围和强度差别较大,但均出现了暴雨以上量级的降雨中心。逐一分析发现,探空曲线的跳变现象真实存在,反映了对流系统的发展状态,不应作为错误信息被消除掉,是对未来 24 h 本市辖区内降雨过程的一个明确信号,对于预报工作具有一定参考意义。

（2）案例介绍

2020 年 6 月 24 日 20 时的探空曲线显示,如图 6.21 所示。

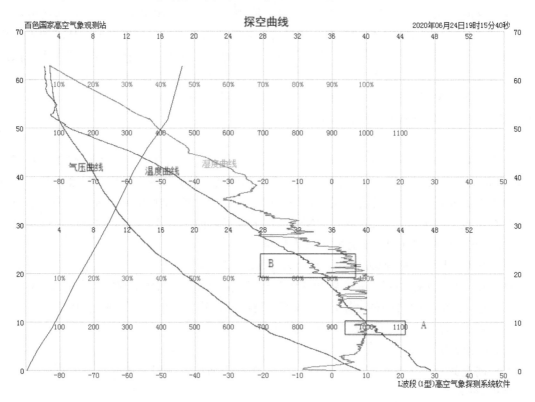

图 6.21　2020 年 6 月 24 日 20 时探空图

图 6.21 显示:温度曲线在 2781 m（区域 A）和 6086 m（区域 B）附近出现两次波动,后者的波动幅度较大,对应的密集特性层表示了数据跳变的剧烈程度。湿度曲线显示从近地面 692 m 高度至 8214 m 高度,相对湿度在 90%～100% 来回跳变,湿层深厚,可判断探空球进入了深厚的云区或雨区,如图 6.22 所示。

图 6.22 显示:此时 CAPE 值为 3088.4 J/KG,K 指数为 43.3 ℃,SI 指数为 -2.71 ℃,低层东南风随高度顺转为东北风,0～6 km 高度存在明显的风垂直切变,区域上空具备良好的降水条件。对照地面观测资料,探空气球施放期间广西壮族自治区百色站正在降雨且伴有雷电,19—21 时雨量达 10.2 mm。

（3）分析方法

根据探空层结资料,0 ℃层高度为 5515 m,本个例属于 0 ℃层以上温度突升个例,同时在 0 ℃层以下存在逆温层。此类个例的探空曲线跳变现象均出现在对流云团,发生跳变的高度为云团顶端即上升气流到达的最高处,代表的是对流系统发展的成熟程度。

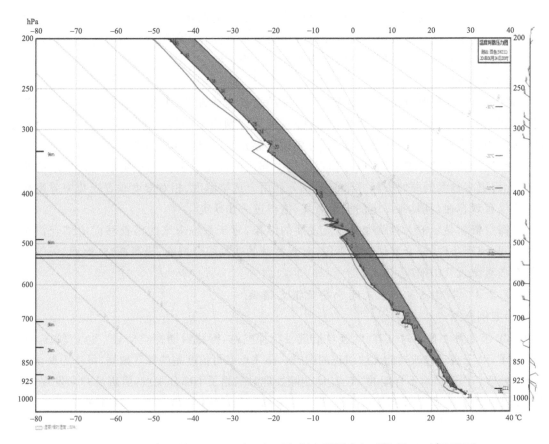

图 6.22　2020 年 6 月 24 日 20 时 T-ln$p$ 图（绿色阴影为相对湿度≥80%的湿层）

结合高空观测资料分析如下：6 月 24 日，500 hPa 高度上东亚大槽控制中国中东部大部分地区，受其东移影响，低纬有高空短波槽从广西壮族自治区上空过境，百色站位于短波槽南侧。

6 月 24 日 20 时，700 hPa 百色站上空存在西南—西北风切变，850 hPa 高度存在东南—东北风切变，同时地面冷空气南下影响广西壮族自治区，冷锋呈东北西南向位于河池—南宁北部—右江河谷。在多层降水系统的共同影响下，对流云团于 6 月 24 日 14 时左右到达桂中后，稳定少动，强度维持，云团中心 TBB 低至 186 K，发展旺盛。

直至 6 月 25 日 8 时，该云团逐渐分裂南移，强度明显减弱，对百色市的影响也相应减弱。根据 6 月 24 日 20 时—25 日 20 时自动站统计，百色市出现特大暴雨 1 站，大暴雨 48 站，暴雨 78 站，最大雨量为 271.6 mm。

（4）解决方案

L 波段雷达探测系统投入使用后，探测精度大大提高，在探测过程中每秒采样一次（测风 1 s 采样一次，探空 1.2 s 采样一次），系统软件中增加了埃玛图、风随高度变化图，高空风变温剖面图、高空风极坐标分析图，以及时空定位等功能内容，在短期预报中都可以加以利用。如通过气球的空间定位，分析探空气球的运动轨迹和温压湿风向风速等气象要素，可分析该区域的大气状况及未来的变化趋势。通过气球升速曲线图和高空风极坐标图可分析大气运动方向及高空冷暖平流等，提高探空资料在预报中的利用率。

在本个例中,获取探空跳变信息后,分析跳变层次发生在 0 ℃层附近,结合季节因素,优先排除冰雹的发生。探空资料中体现的深厚湿层对降水条件有一定的参考性。进一步结合常规资料、雷达和云图等,可提前判断出明显降水天气过程。

(5)问题追踪

1)常规高空气象观测是大气综合探测系统的重要组成部分,主要提供在垂直方向上的大气温度、湿度、气压、风等气象要素数据,是强对流天气预报中一类不可缺少的资料,也是数值模式预报的基本资料之一,在数值预报、潜势预报等方面都起着非常重要的作用。

2)受探测精度的习惯影响,以往预报工作中利用的高空资料多是规定层及特性层的物理参量,此后更多秒级的原始资料并未能被充分利用。这类温度、相对湿度垂直变化率异常跳变现象不仅客观存在,且具有一定的指示意义,值得进一步研究。

3)探空资料显示的大幅跳变是对流发展的结果,对于系统未来的消长移向应结合雷达信息及时间、地理条件,结合其他探测手段,对观测到的数据综合判断,提高探空、地面、天气雷达资料在强对流天气中的应用。

6.3.2.4　温度飞点记录未删除导致报文错误

(1)案例介绍

2022 年 2 月 2 日 7 时,广西壮族自治区百色探空站,探测后期探空信号"飞点"较多,按照规范要求,对于自动修改功能无法纠正的温、压、湿飞点或可信度差的探空数据,可作为疑误数据做删除处理。值班员对不合理的"飞点"做删除处理时漏删了小部分飞点,值班员并未发现,直接形成报文后发报,这些错误数据被上传,影响了数据质量,如图 6.23 和图 6.24 所示。

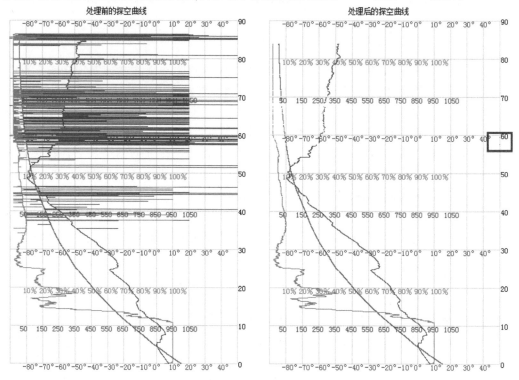

图 6.23　2022 年 2 月 2 日 7 时处理前后探空曲线对比图

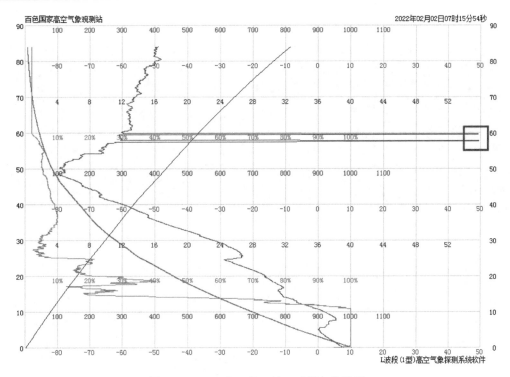

图 6.24　2022 年 2 月 2 日 7 时探空曲线图

（2）分析方法

探空系统软件经过多次升级后，新增多种功能。在进行数据质量控制时，充分利用这些功能内容，能够快速发现问题记录。该份记录的处理前后探空曲线对比图（图 6.23），处理前后的探空曲线趋势基本一致，但漏删的飞点很难发现（图 6.23 红框处），但结合探空曲线来看，图 6.24 中的温度曲线明显异常。通过查看处理软件探空曲线图和球坐标（秒数据）曲线图，可及时准确地发现异常数据，运用自动平滑功能或人工干预处理，及时纠正飞点，保证高空资料的准确性。

（3）解决方案

对正在执行的观测规章制度进行完善和修订，规范工作人员业务行为，防止其在工作中出现疏漏，进而影响气象预测工作的准确性以及科学性。强调气象观测工作人员严格执行相关的规章制度，按要求完成日常的观测工作，并且安排相关的工作人员每日进行监督检查，从而有效减少工作过程中出现的失误而造成的观测结果不准确。

（4）问题追踪

高空记录通过业务软件自动纠正功能，大部分能将异常飞点进行纠正。无法纠正的飞点，可以通过人工干预进行飞点删除。值班员应实时特别是报文发出前进行数据的质控，查看"探空曲线显示""手动修正探空曲线""处理前后探空曲线对比图"等菜单，及时发现和处理问题，保证上传数据的质量。同时纠正和删除飞点需要在放球软件下进行，在数据处理软件下进行处理，数据将会被覆盖，也有可能出现飞点记录未删除导致报文错误的情况发生。

6.3.2.5　野值数据未删除导致报文错误

（1）案例介绍

2022 年 6 月 5 日 8 时，湖北省武汉探空站，出现数据异常。天衡系统显示，近地面层数据正确率为50%,出现温度数据可疑,为−43.9 ℃,如图6.25和图6.26所示。

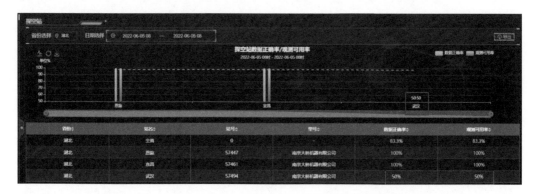

图6.25　武汉站2022年6月5日8时高空数据可用率为50%

图6.26　武汉站2022年6月5日8时高空数据可疑情况

(2)分析方法

2022年6月5日8时,T-lnP图显示武汉探空站多个层次存在温度数据异常(−43 ℃),层结曲线和状态曲线均异常,无明显湿层,如图6.27所示。

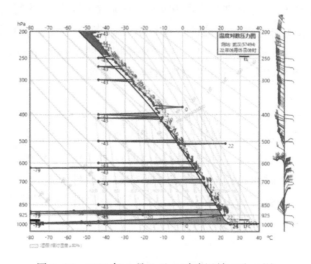

图6.27　2022年6月5日8时武汉站 T-ln$p$ 图

　　分析 2022 年 6 月 5 日 8 时 MICAPS 探空数据表明(图 6.28):露点、温度露点差、比湿、饱和比湿、相对湿度、水汽压等与湿度相关的物理量中温度数据存在错误或疑误,红色框内 976.1 hPa、925 hPa、850 hPa、700 hPa 等层多次出现温度为 −43.9 ℃,如图 6.28 所示。

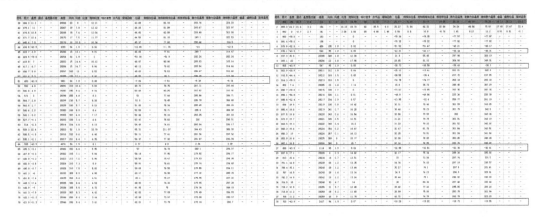

图 6.28　2022 年 6 月 5 日 8 时武汉站 MICAPS 探空数据示例

　　由武汉站比湿、水气压、假相当位温的垂直廓线可以看出,湿度相关量仅低层有数据,且数据可疑,如图 6.29 所示。

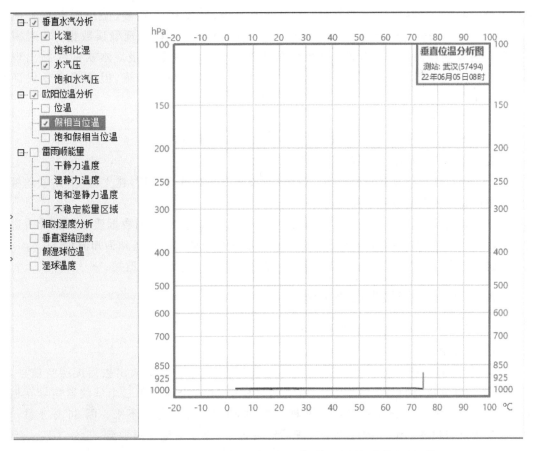

图 6.29　2022 年 6 月 5 日 8 时武汉站比湿、水气压、假相当位温的垂直廓线

　　调取武汉站 6 月 5 日 8 时 S 文件分析发现(图 6.28):探空气球过顶时,雷达跟踪异常,造成该站探空数据气温、气压、相对湿度出现较多野值。经对台站原始秒级探空数据与 MI-CAPS 探空数据进行对比分析,MICAPS 异常值(左)红色框内在台站原始秒级探空数据(右)红色框内中可找到对应值,初步判断为观测人员未全部完成人工质控,导致野值数据随报文一并发出,如图 6.30 所示。

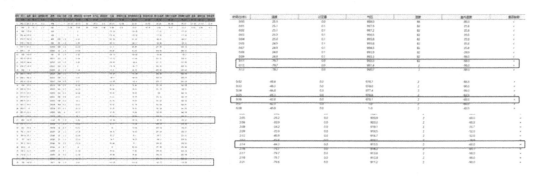

图 6.30　武汉站 2022 年 6 月 5 日 8 时 Micaps 数据及原始探空数据

　　(3)解决方案

　　结合 S 文件分析与武汉高空站核实,2022 年 6 月 5 日 7 时 15 分放球,13 s 后气球过顶时丢球,经人工控制雷达找回气球,出现高差报警、数据接收异常、温压湿存在野值等情况,造成 947～994 hPa、879～939 hPa、370～400 hPa 等多段出现疑误数据,21 时审核观测记录时发现压温湿数据错误,进行数据处理并编发 8 时更正报。本次武汉站出现数据异常原因为气球过顶丢球及数据处理不当,台站采取了补救措施,但未能有效保证数据质量。

　　(4)问题追踪

　　为避免类似情况发生,可以从以下几个方面加强学习和管理。

　　1)按照相关规范及流程开展高空观测业务。

　　2)加强探空观测秒数据质控能力,强化多类型探空数据综合应用,建立国-省-站联动探空观测质量控制和数据质量异常反馈业务。

　　3)加大天衡天衍"国—省—市—站"四级业务推广,实现探空观测数据质量问题及改进反馈在线动态跟踪、反馈,建立观测数据质量异常信息对用户的实时推送和告知流程。

　　4)建议用户针对质控结果进行数据筛选,把好资料应用前最后一道关。

6.3.3　仪器故障质量改进案例

6.3.3.1　重放球信号干扰导致观测数据偏少

　　(1)案例介绍

　　2020 年 11 月 6 日 7 时,广西壮族自治区百色探空站,第一个球放出去后无探空信号,故重放球,重放球施放时间是 7 时 37 分。在观测过程中,第一个球与第二个球仪器信号互相干扰,导致 36 分 4 秒—49 分 3 秒、69 分 19 秒—75 分 39 秒探空信号进不来。因 36 分 4 秒—49 分 3 秒缺测时间超过 7 min,程序无法处理后续的记录,故探空记录只取到 36 分 3 秒。75 分 39 秒以后信号乱,探空记录选择放弃处理。如图 6.31 所示。

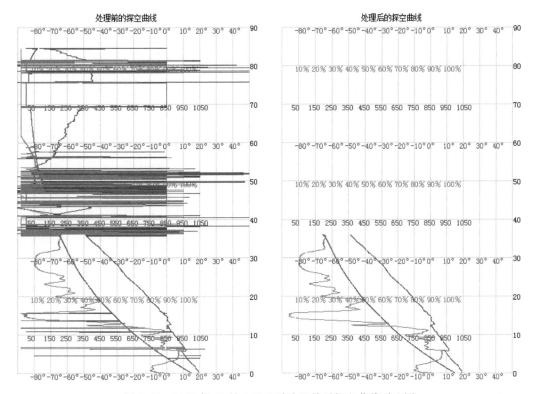

图 6.31　2020 年 11 月 6 日 7 时处理前后探空曲线对比图

　　测风记录 37—48 分、69 分以后因 2 个仪器信号相互干扰,4 条亮线上下抖动跟踪不正常,数据可信度差,故 37—48 分测风记录做删除处理,69 分以后测风记录做放弃处理。该次 8 时观测探空高度仅为 12285 m、测风高度为 23244 m,如图 6.32 和图 6.33 所示。

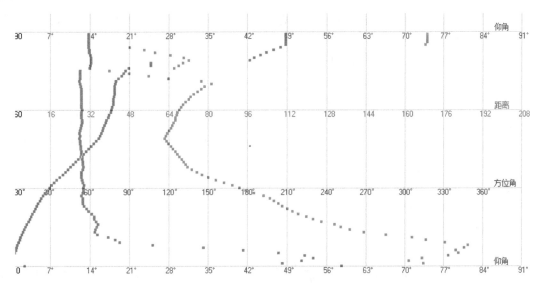

图 6.32　2020 年 11 月 6 日 7 时处理前测风分钟曲线

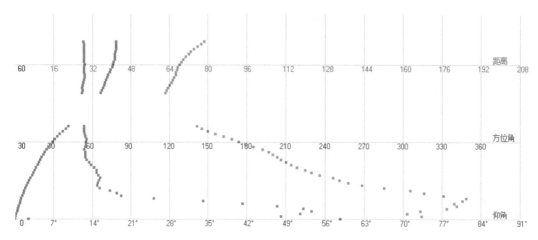

图 6.33　2020 年 11 月 6 日 7 时处理后测风分钟曲线

（2）分析方法

图 6.31 显示：由于第一个球信号干扰，250 hPa 以后飞点较多，探空信号可信度差，因此 36 分 4 秒—49 分 3 秒（超过 7 min）信号做删除处理，按照《常规高空气象观测业务手册》规定，如 7 min 后又有可靠的气压、温度记录出现，可继续整理。实际工作过程中，如探空记录缺测超过 7 min 后又出现正常记录，探空终止，只能取到缺测前的记录，后面大段的记录都做删除处理，造成探测数据不完整。该时次观测中由于 2 个仪器信号之间的相互干扰，部分测风数据遭到损失，但在应急处置中，当出现雷达跟踪不正常时，应采用人工手动跟踪气球，尽可能把影响降低到最小。所以，在探空观测过程中，值班员的应急处置能力需加强训练。

（3）解决方案

业务工作中，会出现放气球几分钟或施放后无探空信号的现象。500 hPa 以下，如连续 5 min 无信号，即选择重放球。但选择重放气球的时间需有一定时间间隔才能避免 2 个仪器之间的信号相互干扰，否则会造成部分记录的缺失。结合多次重放气球时间和影响情况统计分析，建议 2 个球施放时间间隔在 30 min 以上，出现干扰的可能性较小。考虑到记录的三性要求以及不可预见的状况，宜选择在 7 时 45 分—7 时 50 分之间进行第二次施放。

（4）问题追踪

2020 年 11 月 6 日 7 时的记录是由仪器故障引起的重放球，在一定程度上影响了探空资料的准确性、代表性、比较性。为避免重放气球，基测前进行仪器外观检查、施放前的信号监测显得尤为重要。如两个探空仪信号相互干扰，导致探空信号缺测、探空和测风记录不完整等，影响了探测高度、探测数据的完整性，降低了观测数据的质量。后续遇到类似问题时，值班员把握好重放气球时间，同时加强新业务人员手动跟踪雷达的应急反应意识和业务技能，进一步保证了观测数据的准确性和完整性。

6.3.3.2　仪器变性导致探测高度低

（1）案例介绍

2020 年 5 月 25 日 7 时，广西壮族自治区百色探空站，放球后 22 分 8 秒—27 分 22 秒温度性能变化，该段数据做删除处理，如图 6.34 所示。

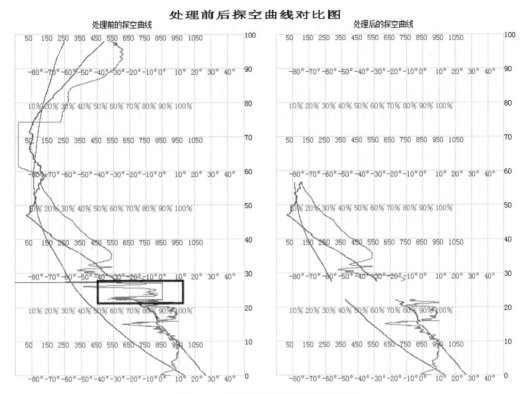

图 6.34 探空曲线处理前后对比图

2022 年 5 月 11 日,广西壮族自治区百色探空站于 19 时 15 分 48 秒放球,施放后第 19 min 探空仪上升到 430 hPa 高度左右,受强对流天气影响致使探空仪的气压数据异常,且连续 7 min 数据不可信,如图 6.35 所示。

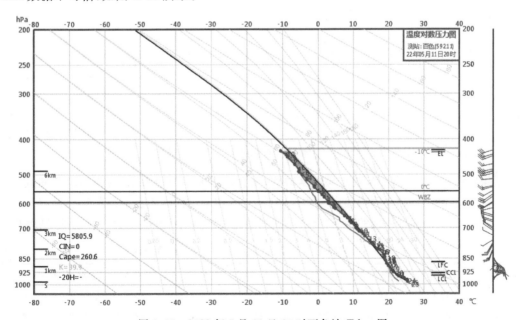

图 6.35 2022 年 5 月 11 日 20 时百色站 T-$\ln p$ 图

（2）分析方法

对于异常数据处理原则：能保留的尽量保留，能代替的就代替，不能保留或代替的再考虑删除，尽可能保证资料的完整性。

2022 年 5 月 11 日 20 时，连续 7 min 数据不可信（图 6.35），按照高空业务规范要求删除探空气压、湿度异常数据，且后续不做处理。测风数据（风向风速）正常处理至球炸。球炸时间为放球第 51 min，高度约为 19000 m，在 T-lnP 图上明显看出，由于仪器原因导致探测高度低。

2020 年 5 月 25 日 7 时探测的原始数据探空曲线图（图 6.34），黑色框内可以明显看出温度曲线异常，跟正常的温度变化趋势偏差太大，因此对这段异常数据做删除处理。如图 6.36 所示，黑框内为删除异常温度数据后的探空曲线图，按照常规高空气象观测业务要求，在 500 hPa 以上，当温度缺测大于 3 min 小于等于 7 min 时，按前后趋势拟合连线，供计算厚度和系统误差订正用，温度数据做缺测处理。

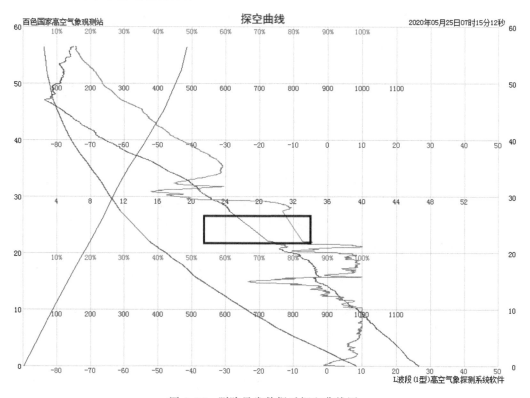

图 6.36　删除异常数据后探空曲线图

删除异常数据后 300 hPa 规定层数据缺测，结合探空曲线图可看出，气压和湿度曲线正常，但由于软件设计的原因，在删除温度异常数据后，气压和湿度曲线也相对应的被删除，气压和湿度曲线失真，完全消除了曲线的转折特性，不能真实地反映当时探测到的大气状况，详见表 6.4。

表 6.4　2020 年 5 月 25 日 7 时规定标准等压面记录

气压/hPa	平均温度/℃	平均湿度/%	层厚/m	高度/m	气温/℃	湿度/%	露点/℃	T-T_d/℃
985.3	26.6	95	0	176	26.6	95	25.7	0.9
925	24.9	93	557	733	23.1	98	22.8	0.3

续表

气压/hPa	平均温度/℃	平均湿度/%	层厚/m	高度/m	气温/℃	湿度/%	露点/℃	$T-T_d$/℃
850	21.6	97	737	1470	19.8	96	19.1	0.7
700	15.4	99	1654	3124	10.9	100	10.9	0.0
600	7.4	97	1273	4397	3.4	88	1.7	1.7
500	−0.5	85	1460	5857	−3.2	94	0.9	0.9
400	−6.9	95	1744	7601	−13.1	93	0.9	0.9
300	−20.6	62	2129	9730	—	—	—	—
250	−31.8	65	1288	11018	−37.4	38	−46.3	8.9

（3）解决方案

为能更好地完成高空气象探测工作,观测员应多学习,在工作中不断地积累经验,注重仪器的准备工作,注意总结不同厂家仪器在不同天气条件下的适应性,尽量获取更多的探空数据。同时实时监控数据接收情况,认真检查探测数据,对于异常数据的取舍,应结合当时的天气变化特征,对比前后探测记录进行分析,确保数据处理结果符合当时大气实况。

（4）问题追踪

2020 年开始,全国开始启用新型探空仪,通过两年多的技术提升和工艺改进,2021 年、2022 年的探空仪质量比 2020 年有所提升。上海长望气象科技股份有限公司（型号 GTS12）、太原无线电一厂有限公司（型号 GTS13）、南京大桥机器有限公司（型号 GTS11）3 个厂家探空仪共同的主要质量问题是基测不合格、传感器故障、无信号/突失故障。信号突失、仪器性能降低是台站重放球的主要原因,也是影响观测数据质量的重要因素之一。

6.3.3.3　施放前仪器变性迟放球导致数据失去比较性

（1）案例介绍

2017 年 12 月 24 日 7 时,广西壮族自治区百色探空站,临近放球时气压突变,更换仪器导致迟放球,该时次气球施放时间为 7 时 31 分（正常放球时间为 7 时 15 分）;同时迟按放球键 2 s,记录做时间订正处理。

（2）分析方法

临近放球特别是大雨天时出现仪器测量性能变化的情况常有发生,如应急处理能力欠缺会导致迟测,甚至记录处理错误等现象。业务质量考核受到影响的同时,数据质量也受到影响,记录失去比较性。

（3）解决方案

提高应急处理能力,值班人员加强配合。室外业务人员快速拔下电源的同时,室内业务人员优先选择太原厂探空仪（不需要泡电池）快速基测。

（4）问题追踪

如记录使用时间订正方法不正确,会影响数据的准确性,甚至无法挽回数据损失。了解早按和晚按的区别,并做出正确判断和处理显得尤为重要。如"早按",雷达时间归零,启动时间计算,开始接受探空数据,而室外施放人员未施放探空仪,雷达探测到的数据是放球点的数据。在秒数据上看到的是持续数秒不变的数据。如"晚按",室外人员已施放气球,接收到的数据已经是施放数秒后对应高度的探空数据,其秒数据与瞬间数据差异大。

6.3.4　特殊天气质量改进案例

6.3.4.1　探空质量指标偏低

（1）操作方法

点击天衡系统标题区系统标识或"主页"按钮,再将鼠标移到"快速切换区"→"观测设备切换区"的"当前设备"图标上,点击浮窗上图标"待处理",即可显示质量控制的可疑站点。点击"详情"可以查看该站点质控、评估之后的要素变化趋势图、观测—模式偏差时序图、垂直分布图等,如图6.37所示。

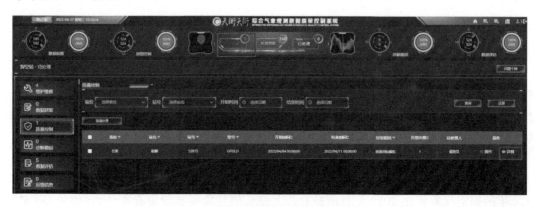

图 6.37　探空质量指标偏低示例

（2）案例介绍

2022年4月,甘肃省崆峒探空站出现质量指标偏低告警,温度、位势高度、风向、风速质控标识都显示正确,主要是探空高度出现偏低现象,如图6.38所示。

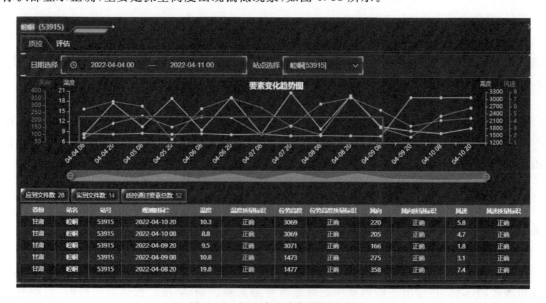

图 6.38　探空高度指标偏低示例

2022年4月,多个时次出现高度观测与模式偏差大,如6日20时平均偏差达到−24.63,如图6.39所示。

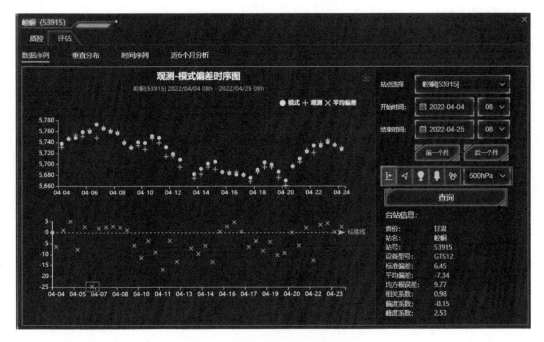

图 6.39 探空高度指标偏低示例

（3）分析方法

探空高度偏低的影响因素包括：天气、雷达故障和仪器信号差放弃观测、信号突失等，多时次出现高度偏低受天气影响的可能性更大。据统计，4 月 4—25 日甘肃省崆峒探空站气球高度低于 22000 m 共计 7 次，其中受天气影响 3 次，原因不明 4 次，见表 6.5。

表 6.5 高度偏低时次分析表

月/日/时	高度/m	原因分析
4/4/20	21025	雷达运行正常，天气状况良好，高度低原因不明
4/8/8	20942	雷达运行正常，天气状况良好，高度低原因不明
4/11/20	20833	雷达运行正常，天气状况良好，高度低原因不明
4/13/20	16079	有降水系统，降水前云层厚、湿度大，天气影响高度低
4/14/20	17841	放球时间段有雨，天气影响高度低
4/15/08	17346	放球时间段有雨，天气影响高度低
4/25/20	18165	雷达运行正常，天气状况良好，高度低原因不明

经核查，4 月份是西北天气变化比较大的月份，高度偏低主要受天气影响较大。高度低原因不明时次也有可能是探空气球质量的问题，但仅统计一个月有一定的局限性，比如上个月用的仪器（或探空气球）和本月不同等因素，未得出一个明确的结论。

（4）解决方案

尝试在不同天气现象中，用不同的氢气充灌量提高施放高度；保证球皮的存储环境（如适合的温度、湿度）；结合广州、株洲两地生产的探空气球特点，在不同的天气选择不同厂家的气球；根据台站实际使用情况，不同天气选择合适探空仪型号，尽量减少仪器性能变化、信号突失等造成数据质量低的情况发生。

（5）问题追踪

根据不同天气条件下、使用不同厂家仪器和球皮的探空质量统计，进一步分析原因，找出影响探空质量的关键性因素，并提出解决的措施或建议，进一步提高台站的探空质量。

6.3.4.2　雷暴天气气球下沉和温度变性重放球

（1）案例介绍

2016 年 9 月 10 日 7 时，广西壮族自治区百色探空站，7 时 15 分正点施放第 1 个探空气球。施放时天气实况为：总云量和低云量均为 100%，云状为 S_c、C_b，有阵雨和雷暴天气，气球上升到 515 hPa 时开始下沉，降至 663 hPa 后回升，之后又下降再缓慢回升，由于探空记录一直未能达到 500 hPa，业务人员于 8 时 30 分前重放球，如图 6.40 所示。

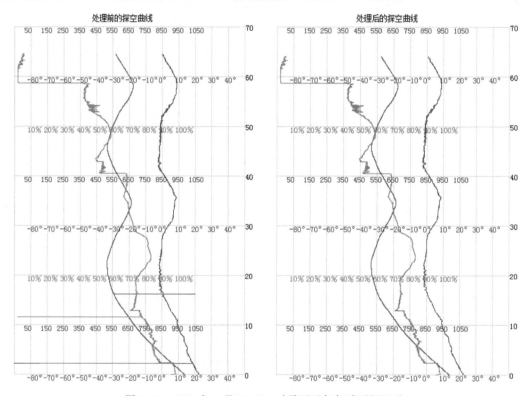

图 6.40　2016 年 9 月 10 日 7 时雷雨天气气球下沉记录

2016 年 5 月 13 日 19 时，广西壮族自治区百色探空站出现与 9 月 10 日 7 时相同的现象，放球瞬间天气现象为阵雨和雷暴，正点放球后的 11 分 5 秒，气球上升到 626 hPa 后温度一直固定在 −90 ℃不变，超过 7 min 后重放球。第 2 次重放球时间为 20 时 11 分，放球后 20 分 17 秒球炸，记录未达 500 hPa，此时已超过第 3 次重放球允许时间，只能选取高度较高的第 2 次放球记录作为本时次探测资料发报、保存，如图 6.41 所示。

（2）分析方法

5 月 13 日和 9 月 10 日两次放球过程中，均出现恶劣天气造成气球下沉和仪器变性造成重放球，而重放记录也未达 500 hPa，造成了数据缺失。

（3）解决方案

遇有强降雨（雪）、积雨云过境等影响气球上升的天气现象时，业务人员须根据实际情况适当

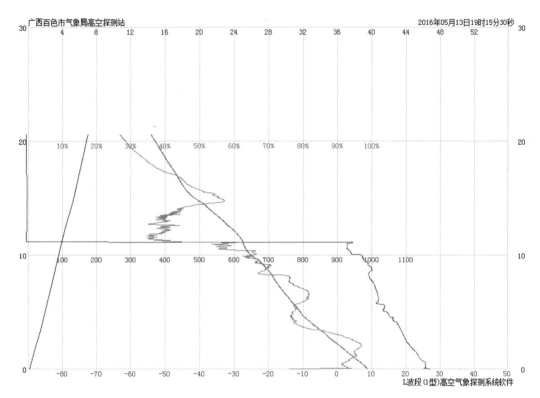

图 6.41　2016 年 5 月 13 日 19 时雷雨天气仪器变性记录

增加气球的氢气充气量,保证气球正常升空。探测过程中,若 500 hPa 以下出现气球下沉,应快速判断气球是否有上升的可能,做好在规定时间内重放球的准备,杜绝缺测等事故发生。出现积雨云过境或雷暴等可能影响探空仪正常工作的天气现象时,应尽量推迟施放时间。在探测过程中,未到达 500 hPa 高度,出现探空仪遭雷击或传感器变性等情况,应在规定时间内重放球。

(4)问题追踪

后续跟踪调查发现:重放球和施放前、施放后仪器变性的情况,不同厂家的占比不同,可统计分析找出不同天气条件下适合施放的气球型号。"下沉记录"在台站很少发生,业务人员在处理时容易出错。"下沉记录"按照规定处理流程,可调整放球软件的文件存盘时间,确保有足够的时间处理下沉记录,记下下沉起始点和终止点,球炸以后按同样的时间点数重新整理发报,避免前后报文内容不一致的现象发生。当出现多次下沉时,按照高度自上而下的顺序进行整理,以便反映记录的真实性。

6.3.5　其他质量改进案例

6.3.5.1　探空数据应急接收机观测过程得到无效记录

(1)案例介绍

2018 年 5 月 27 日 7 时和 2020 年 1 月 2 日 7 时,广西壮族自治区百色探空站,应急接收机与雷达正点同步观测,但接收到的是无效记录。在施放前仪器准备阶段信号强,无异常情况。施放后脉冲移动正常,信号强度显示也正常,但接收到的信号明显与实际不符,整个观测过程得到的是无效记录,如图 6.42 和图 6.43 所示。

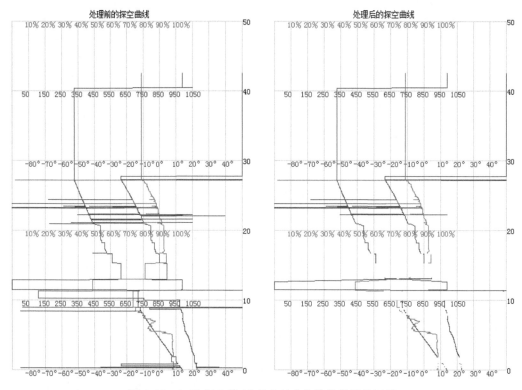

图 6.42　2018 年 5 月 27 日 7 时应急接收机无效记录

处理前后探空曲线对比图

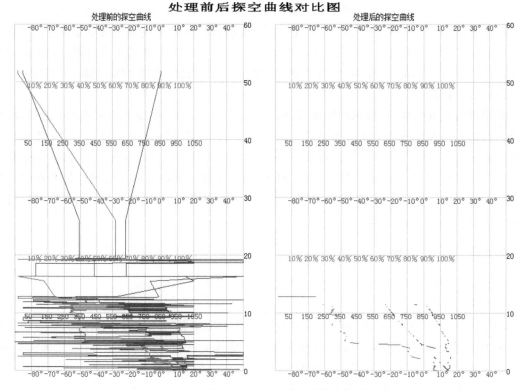

图 6.43　2020 年 1 月 2 日 7 时应急接收机无效记录

（2）分析方法

检查接收机各接头，更换中频通道盒，故障均未消失，还出现"增益自动/手动"和"基测"按钮不起作用的现象，重装软件故障仍存在。最后在重新检查接收机各接头时发现数据线 M3 与接收机相接处接触不好。经检修后，在之后多次的接收过程中发现接收信号强度还是不理想，更换高频组件，更换后信号接收有所改观。

（3）解决方案

台站每月定期开展备份接收机与雷达对比观测，由 2 人共同负责操作，并认真比对是否相同，其目的如下：定期检测备份设备的工作性能，确保设备处于良好的工作状态。对备份机操作进行经验总结，保证在任何特殊情况下都能保持探测资料的准确性和完整性。使用备份接收机系统观测处理得到的 S 文件应保存到专用的文件夹下，以备分析查询。

（4）问题追踪

探空数据应急接收机是探空观测的备份设备，当雷达出现故障时，使用应急接收机和经纬仪完成高空观测，是保证观测数据完整性的重要手段。台站应定期模拟突发雷达故障情况演练、开展 L 波段雷达观测数据与备份机接收数据的对接操作：在正常施放气球过 500 hPa 后，将实时备份 U 盘上的 S 文件转录到备份应急接收机系统的相应接收目录下，然后启动 GTC2 型 L 波段探空应急接收机、运行放球软件，尝试继续在雷达机 S 文件的基础上继续接收探空数据。业务人员应该熟练应用该对接技术。日常工作中，许多探空信号突失都是由于雷达系统的探空通道（11-1 号板）、中频通道盒、计算机与雷达通信不良等原因造成的。此时，如能及时启用探空应急接收机继续接收雷达机中断接收的数据，一般都能观测至球炸，可保证高空观测资料完整，同时提高业务质量。

6.3.5.2　计算机故障和天气原因导致低层测风缺测

（1）案例介绍

2017 年 6 月 21 日 7 时，广西壮族自治区百色探空站，放球后因计算机故障，重启计算机，造成探空信号 1 分 2 秒—3 分 41 秒缺测，测风数据缺测 3 min 以上。近地层 925 hPa 和 850 hPa 规定层数据缺测，规定高度上（300～1500 m）共 6 层风数据缺测，见表 6.6。

表 6.6　补放小球前规定高度层风数据列表

高度/m	时间/min	风向/°	风速/(m/s)	纬度差	经度差
300	0.9	—	—	5000	5001
600	1.8	—	—	0000	5001
900	2.7	—	—	0000	5001
500	1.0	—	—	5000	5001
1000	2.4	—	—	0000	5001
1500	3.9	—	—	0001	5001
2000	5.3	268	5.1	0001	0002
3000	8.1	263	6.7	5000	0014
4000	11.0	278	6.2	0001	0023
5000	13.9	303	6.5	5004	0033

（2）分析方法

近地层高空风缺测时，按照规定应在正点后 75 min 内用经纬仪测风（小球）的方法进行补测。补放小球应根据缺测部分的高度以及当时的天气现象综合判断是否具备补放条件。如遇有明显降雨,则不能补放小球,而此时测风缺测部分只能按失测处理。

2017 年 6 月 21 日 7 时,补放球时天空总云量约为 30%,补放小球只观测到 5 min 数据,见表 6.7。缺测数据只能补到规定高度层 1000 m,1500 m 仍缺测,并未能补全,见表 6.8。

表 6.7　补放小球测风记录表

补放小球测风记录				量得风层			
时间/min	仰角/°	方位角/°	高度/m	时间/min	高度/m	风向/°	风速/(m/s)
0	0.00	0.00	176	0.0	176	31	1.0
1	74.40	296.80	376	0.5	276	117	1.0
2	64.90	303.10	576	1.5	476	126	2.0
3	57.30	296.00	776	2.5	676	109	3.0
4	56.90	299.40	976	3.5	876	129	2.0
5	58.30	312.10	1176	4.5	1076	179	3.0

表 6.8　补放小球后规定高度层风

高度/m	时间/min	风向/°	风速/(m/s)	纬度差	经度差
300	0.9	126	2.0	5000	5001
600	1.8	119	2.0	0000	5001
900	2.7	179	3.0	0000	5001
500	1.0	124	2.0	5000	5001
1000	2.4	160	3.0	0000	5001
1500	3.9	—	—	0001	5001
2000	5.3	268	5.1	0001	0002
3000	8.1	263	6.7	5000	0014

（3）解决方案

日常工作中,由于大雾、雷达俯仰角限位、气球过顶、雷达故障等各种原因造成近地层风数据缺测现象时有发生,而补放小球测风是弥补低空测风缺测数据的重要手段之一,业务人员必须熟练掌握。有的业务人员对补放小球的操作细节都比较陌生,应定期开展补放小球工作流程培训工作,如称量球皮及附加物重、计算净举力、充灌小球等,使业务人员熟练掌握补放小球的操作技能。

（4）问题追踪

计算机常见故障案例:

故障主要表现为:在基值测定时或正常施放后,计算机界面显示"COM1 串口"被占用。由于无法接收到探空信号,因此后续资料无法采集,工作无法继续进行。

故障分析和排除:如雷达回波、亮线跟踪正常,表明探空仪、雷达出现故障的可能性小,问题大多出现在计算机系统上,排查方法如下:

1)由于雷达信号是经计算机 RS232 串口(端口名称一般为 COM1)接入计算机主机的,首先尝试重新拔插 RS232 接头确保其接触良好。

2)如插拔串口接头后仍没有信号进入计算机,在不重新启动系统的情况下可以尝试用软件方式激活端口,方法是:鼠标右键点击"我的电脑"→"属性"→"硬件"→"设备管理器"→"端口(COM 和 LPT)"→右击"通讯端口(COM1)"→选择"停用"。稍后再重新点击"启用",观察故障能否解决。

3)如"串口占用"的现象仍然存在,只能选择关机,切断计算机电源后再插拔串口接头,然后重新通电开机检查的最后手段。

6.3.5.3　探空仪基测温度异常引起迟测

(1)案例介绍

2015 年 10 月 17 日 7 时,广西壮族自治区百色探空站,探空仪基测时温度数据一直显示为−90 ℃,气压、湿度数据显示正常。

(2)分析方法

业务人员判断探空仪有问题,连续更换 3 个探空仪都显示−90 ℃。更换另一箱仪器,使用备用基测箱,初步判断探空仪温湿度元件专用插座与探空仪之间的连线有故障,不使用连线,数据显示均无变化。

再进行雷达故障排查,在雷达故障排除的同时启用探空数据接收机和架设经纬仪测风观测,发现探空数据接收机基测时的数据也是−90 ℃,判断雷达未出现故障。检查现用基测箱的各个线路插头,将探空仪 XS1 插头直接插入专用插座,此时雷达接收数据正常。

(3)解决方案

10 月 17 日广西壮族自治区百色探空站的故障原因是探空仪温湿度元件专用插座与探空仪之间的连线有问题。虽然故障及时排除,但应缩短故障排除时间。现用基测箱和备用基测箱应经常更换使用,及时进行故障排查。

(4)问题追踪

该案例中,由于迟测影响了观测数据的比较性,在高空气象探测过程中,随时都会出现一些突发状况,要在最短的时间内排除故障,并采取最有效的补救措施。业务人员需熟悉预案流程,掌握规范的操作步骤,能确保在突发状况下有条不紊地进行分析和处理,把对业务质量的影响降到最低限度。

第7章　GNSS/MET

7.1　分析方法

根据《GPS/MET 数据传输规范》(气发〔2008〕367 号)的要求,GNSS/MET 观测数据应逐时上传,包括 3 类文件:气象文件(M 文件)、导航文件(N 文件)和观测文件(O 文件),3 类文件作为水汽算法的输入量,其数据质量影响着水汽产品质量。GNSS/MET 数据质量问题站点评价指标为数据正确率和 M/N/O 文件异常频次。

7.1.1　数据正确率

GNSS/MET 数据正确率是指在选取的评估时段内,M 文件、N 文件以及 O 文件质控结果正确的数据总量占实际收到 GNSS/MET 数据总量的百分比。

$$数据正确率 = \frac{(M+N+O)}{T} \times 100\% \qquad (7.1)$$

其中:

(1)评估指标:正确率≥90%。

(2)M 为该站 M 文件质控结果正确的文件数据总量,M 文件正确判断满足 M 文件到报且格式正确,则 M 文件正确,否则不正确。

(3)N 为该站 N 文件质控结果正确的文件数据总量,N 文件正确判断满足 N 文件到报且格式正确,则 N 文件正确,否则不正确。

(4)O 为该站 O 文件质控结果正确的文件数据总量,O 文件正确判断满足以下条件则 O 文件正确,否则不正确。

1)O 文件到报且格式正确。

2)历元完整率≥90%。

3)L1 信噪比≥20、L2 信噪比≥20。

4)观测有效率≥80%。

5)多路径效应 MP1≤1.0 m、多路径效应 MP2≤1.0 m。

6)观测与周跳比≥100。

(5)T 为评估时段内实际收到的 GNSS/MET 数据总量。

7.1.2　评价标准

GNSS/MET 数据质量问题评价标准:

(1)评估时段内数据正确率小于 90%。

(2)一周内单站设备 3 类文件的异常频次至少有一类超过 50 站次。

符合以上指标要求的即为异常站点。

7.2　问题原因

GNSS/MET 数据质量问题由数据传输故障、探测环境不良、设备故障、数据格式错误等引起。

7.3　案例分析

点击天衡系统标题区系统标识或"主页"按钮,再将鼠标移到"快速切换区"→"观测设备切换区"的"当前设备"图标上,点击浮窗上"GNSS/MET"图标,页面跳转至"GNSS/MET 水汽站质量监视情况"页面,如图 7.1 所示。

图 7.1　"天衡"首页面

在功能模块切换区点击"质量控制"模块,页面跳转至 GNSS/MET 的"综合统计显示"页面,如图 7.2 所示。

图 7.2　"GNSS/MET 水汽站质量监视情况"页面

点击"选项区"某省(区、市)按钮和日期按钮,显示该地区所属的 GNSS/MET 所选时间段的数据正确率和观测可用率,点击"图形展示区"某站点的柱状图或"表格展示区"某站点对应的数据行,弹窗显示该站具体详情,如图 7.3 所示。

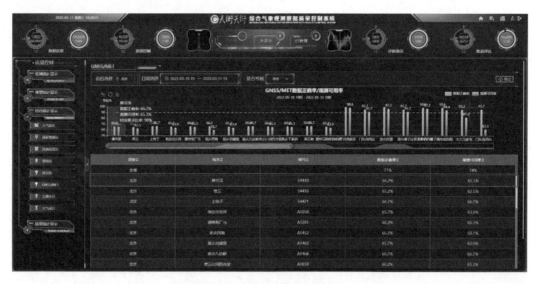

图 7.3 "综合统计显示"页面

点击"日期选择框"可选择分析时间段,点击"要素框"可选择分析要素进行分析。"图形展示区"以时次为横坐标,分析要素为纵坐标,显示选定时间段每个时次要素质控分析结果随时间变化的时序图。"表格展示区"显示所选站点、所选时间段的"应到文件数"、"实到文件数"和"通过要素数",并以表格显示所选时间段内各时次数据质控详情,如图 7.4 所示。

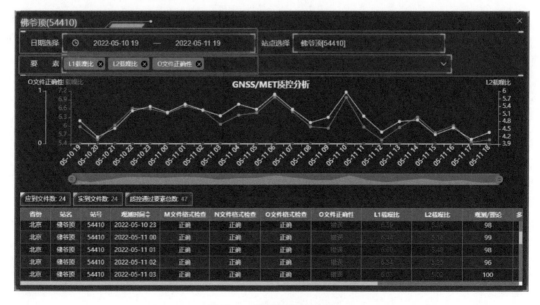

图 7.4 表格展示区页面

7.3.1　数据传输故障导致数据缺报

（1）案例介绍

2020 年 4 月 10—14 日，福建省宁德站等 6 个 GNSS/MET 观测站上传缺报，主要原因是数据采集服务器故障，更换服务器后，数据推送依然异常，经检测发现内网通信链路阻塞，导致数据无法正常推送。维保技术人员处理后，内网通信恢复，上传数据恢复正常。

2019 年 9 月 1—5 日，安徽省 49 个 GNSS/MET 观测站的观测数据存在迟报、缺报严重的情况，这 49 个站点由安徽省测绘局建设。经与测绘局核实，测绘局服务器下载数据的软件存在问题，网络传输出现中断，软件无法正常运行，导致数据未能及时获取，造成数据迟报、缺报。

（2）分析方法

省内多个 GNSS/MET 观测站的数据发生缺报，数据传输故障的概率大，应首先检查数据服务器的运行是否正常，以及通信链路的传输情况是否良好。

（3）解决方案

1）当数据采集服务器发生故障，应及时联系相关技术人员进行维修，并及时更换服务器进行传输，同时检查数据传输网络状况，以免发生通信链路阻塞的情况。

2）若服务器数据下载软件无法保持正常运行，可通过更改数据传输模式的方法，即通过台站设备主动推送数据的方式来解决迟报、缺报问题。

（4）问题追踪

定期检查观测数据的传输情况，查看网络传输速率是否达到标准（数据传输速率应大于 128 kbps，数据有效传输速率不低于 2 Mbps），同时定期检查数据传输软件能否正常工作。

7.3.2　数据传输故障导致历元完整率及正确率低于评估要求

（1）案例介绍

2021 年 12 月 13—18 日，北京市朝阳区郎各庄站，GNSS/MET 数据正确率 66.4%，经天衡系统核查，其历元完整率均低于 90%，导致 O 文件质控结果为错误，排查后发现台站仍在使用传输速率较低的 2G 无线传输方式进行数据传输，如图 7.5 所示。

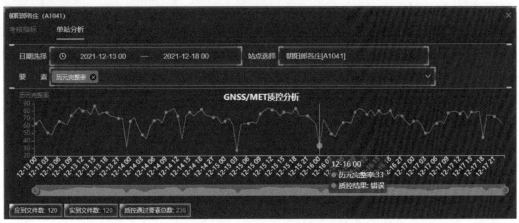

图 7.5　北京市朝阳区郎各庄站数据传输故障示例

（2）分析方法

数据传输故障会导致数据传输失效延误和数据丢失情况，主要表现为 O 文件历元完整率低于 90%。

（3）解决方案

1）建议台站按照数据传输规范要求（到报时间为整点后 20 min）检查数据传输网络是否通畅。

2）建议台站将 2G 无线传输方式更换为有线或 4G 无线传输方式。

（4）问题追踪

定期检查观测数据的传输情况，查看网络传输速率是否达到标准（数据传输速率应大于 64 kbps），同时定期检查数据传输软件是否工作正常。

7.3.3　探测环境不良引起多路径效应以及观测与周跳比正确率低于评估要求

（1）案例介绍

2022 年 1 月 17—23 日，山东省泰安站，GNSS/MET 数据正确率 71.3%，经分析核查，其多路径效应 MP1 大于 1 m，导致 O 文件质控结果为错误，主要由台站周围的探测环境不良所致，如图 7.6 所示。

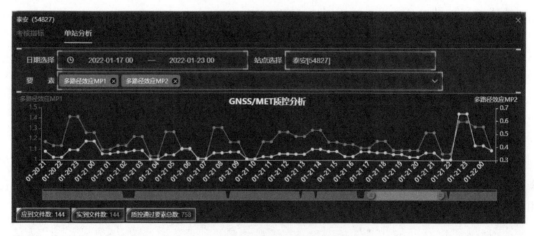

图 7.6　山东省泰安站探测环境不良示例

2020 年 7 月 9 日，河北河间站，多路径效应 MP1 和 MP2 大于 1 m，观测与周跳比小于100，初步判断该站周围的探测环境不良。经排查，确定为 GNSS/MET 观测设备被周边树木遮挡所致。7 月 13 日，周边树木砍伐后，探测环境恢复正常，多路径效应 MP1 和 MP2 以及观测与周跳比也达到评估标准。

2021 年 12 月 2—31 日，新疆维吾尔自治区若羌站，GNSS/MET 数据正确率 65.6%，经分析核查，其观测与周跳比小于 100，导致 O 文件质控结果为错误，经排查为台站周围存在电磁干扰所致，如图 7.7 所示。

2020 年 8 月 1—9 日，西藏自治区隆子站，GNSS/MET 数据正确率不达标，经核查，其观测与周跳比小于 100，导致 O 文件质控结果为错误。经排查，该站北斗数传和 GNSS/MET 观测设备之间的距离太近(约为 2 m),导致北斗数传干扰 GNSS/MET 观测,如图 7.8 所示;2020 年 8 月 5 日 9 时(UTC)北斗数传关闭后,GNSS/MET 观测数据质量恢复正常,如图 7.9 所示。

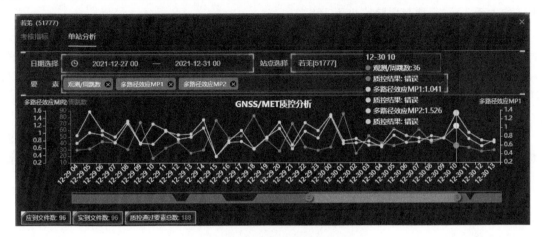

图 7.7　若羌站探测环境不良示例

图 7.8　北斗数传(左侧白色装置)干扰地基 GNSS/MET 观测(右侧黄色天线)

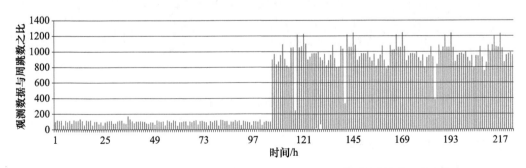

图 7.9　隆子站北斗数传关闭前后(GNSS/MET)观测与周跳数之比的变化

注:时间序列的开始时间为 2020 年 8 月 1 日 0 时(UTC),8 月 5 日 9 时(UTC)北斗数传关闭后观测数据质量恢复正常

（2）分析方法

探测环境不良会导致 GNSS/MET 观测数据质量变差,主要表现为多路径效应 MP1 和 MP2 均大于 1 m、观测与周跳比小于 100。

（3）解决方案

查看 GNSS/MET 观测设备的天线是否被遮挡(如树木、建筑物)。检查台站周围是否有 L 波段发射装置(如北斗数传、雷达信号接收器)等电磁干扰问题。理论上,北斗数传等设备与 GNSS/MET 观测设备间的距离应大于 100 m。

（4）问题追踪

树荫遮挡和电磁干扰等问题对 GNSS/MET 观测数据质量影响较大,台站应注意 GNSS/MET 观测设备周围的环境变化,当有影响探测环境的现象或可能影响观测的干扰源时,及时排查处理。

7.3.4　设备故障引起 L2 信噪比以及观测有效率等参数不达标

（1）案例介绍

2021 年 8 月 9—13 日,河南省民权站,GNSS/MET 数据正确率 66.7%,经分析核查,其 L2 信噪比低于 20,且观测有效率低于 80%,导致 O 文件质控结果为错误,排查发现台站 GNSS/MET 观测设备故障,如图 7.10 所示。

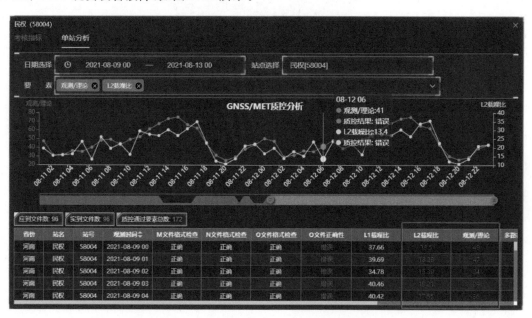

图 7.10　河南省民权站设备故障示例

2019 年 6 月 19 日,黑龙江省新林站观测有效率、多路径效应 MP1 和 MP2、观测与周跳比均未通过评估标准,导致该站水汽探测功能失效,如图 7.11 所示。初步怀疑电磁干扰造成,后经排查,实际为雷击导致设备损坏。

（2）分析方法

设备故障或老化主要表现为几乎所有各项指标都未达到评估标准,特别是 L1 信噪比、L2 信噪比低于 20,观测有效率低于 80%。

```
                                              理论观测数量    有效观测数量  %   MP1   MP2   o/s
[gps@localhost 2019]$ grep SUM 1??/btxl*S
147/btxl1470.19S:SUM 19   5 27 00:00 19   5 27 23:59 24.00   30   26184   25216   96   0.36   0.32   341
148/btxl1480.19S:SUM 19   5 28 00:00 19   5 28 23:59 24.00   30   26846   25246   94   0.36   0.33   297
155/btxl1550.19S:SUM 19   6  4 00:00 19   6  4 23:59 24.00   30   26162   23322   89   0.38   0.40   364
156/btxl1560.19S:SUM 19   6  5 00:00 19   6  5 23:59 16.00   30   25503   16912   66   0.38   0.30   368
157/btxl1570.19S:SUM 19   6  6 06:00 19   6  6 23:59 17.00   30   18489   17305   94   0.27   0.29   558
158/btxl1580.19S:SUM 19   6  7 00:00 19   6  7 23:59 24.00   30   25245   25204  100   0.33   0.38   420
160/btxl1600.19S:SUM 19   6  9 00:00 19   6  9 23:59 23.98   30   25242   25181  100   0.32   0.32   504
162/btxl1620.19S:SUM 19   6 11 00:00 19   6 11 23:59 24.00   30   25277   25235  100   0.39   0.32   561
163/btxl1630.19S:SUM 19   6 12 00:00 19   6 12 23:59 24.00   30   25474   25175   99   0.32   0.33   355
164/btxl1640.19S:SUM 19   6 13 00:00 19   6 13 23:59 24.00   30   25351   25194   99   0.37   0.35   427
166/btxl1660.19S:SUM 19   6 15 00:00 19   6 15 23:59 24.00   30   25251   25222  100   0.33   0.51   371
170/btxl1700.19S:SUM 19   6 19 00:00 19   6 19 23:59 24.00   30   25381    8343   33   4.90   2.12   1
172/btxl1720.19S:SUM 19   6 21 00:00 19   6 21 23:59 24.00   30   25256    9778   39   3.98   3.02   2
174/btxl1740.19S:SUM 19   6 23 00:00 19   6 23 23:59 24.00   30   25241    8115   32   4.53   1.52   1
180/btxl1800.19S:SUM 19   6 29 00:00 19   6 29 23:59 24.00   30   25586    8004   31   3.76   1.31   1
182/btxl1820.19S:SUM 19   7  1 00:00 19   7  1 23:59 24.00   30   25547    8061   32   4.28   2.71   1
183/btxl1830.19S:SUM 19   7  2 00:00 19   7  2 23:59 24.00   30   25483    8128   32   4.26   2.92   1
184/btxl1840.19S:SUM 19   7  3 00:00 19   7  3 23:59 24.00   30   25304    8074   32   5.63   0.40   1
186/btxl1860.19S:SUM 19   7  5 00:00 19   7  5 23:59 24.00   30   25851    8121   31   3.49   1.12   1
190/btxl1900.19S:SUM 19   7  9 00:00 19   7  9 06:59  7.000  30    8155    2575   32   0.77   0.53   1
192/btxl1920.19S:SUM 19   7 11 09:19 19   7 11 23:59 14.68   30   14786    2670   18   3.31   0.57   1
193/btxl1930.19S:SUM 19   7 12 00:00 19   7 12 23:59 24.00   30   25665    4602   18   2.46   1.44   1
194/btxl1940.19S:SUM 19   7 13 00:00 19   7 13 23:59 24.00   30   25688    4456   17   0.60   0.25   1
[gps@localhost 2019]$
```

图 7.11　黑龙江省新林站设备故障示例

（3）解决方案

GNSS/MET 观测设备容易遭受雷击，建议台站做好防雷装置，另外，GNSS/MET 观测设备使用年限过长（≥7 a），性能逐渐老化，也会造成观测质量不佳。建议联系厂家检查设备是否故障，若故障则更换天线或接收机等，如更换接收机，要检查相应的接收机软件是否兼容。

（4）问题追踪

厂家定期巡检，排除设备故障问题，并及时更换故障设备。

7.3.5　数据格式错误导致数据正确率低于目标要求

（1）案例介绍

2020 年 6 月 12 日，浙江省杭州站，M 文件数据格式错误，排查发现 M 文件不存在。该站为杭州市规划局投资建设，杭州市气象局联系业主单位和承建单位后，确认该站点设计和建设之初不产生 M 文件。经与浙江省气象局和杭州市气象局多次沟通协调，杭州市气象局技术人员在中国气象局气象探测中心技术人员支持下，于 7 月 7 日完成了 M 文件的程序开发和业务部署，7 月 7 日 7 时，该站 GNSS/MET 观测业务恢复正常。

2021 年 12 月 13—17 日，西藏自治区昌都站 GNSS/MET 数据正确率 58.8%，经天衡系统核查，M 文件格式检查结果为"错误"，导致 M 文件正确率较低，排查发现西藏自治区气象局信息中心的气象文件生成程序进行气象文件匹配时，未按时间升序将三气象要素排序，如图7.12 和图 7.13 所示。

2021 年 12 月 27—31 日，湖南省宁远站 GNSS/MET 数据正确率 42.8%，经分析核查，其O 文件格式检查结果为"错误"，导致 O 文件正确率较低，如图 7.14 所示。

2021 年 11 月 27 日—12 月 3 日，北京市怀柔九渡河站 GNSS/MET 数据正确率 87.8%，经分析核查，N 文件格式检查结果为错误，导致 N 文件正确率较低，经排查为台站 GNSS/MET 数据解析软件系统版本较低造成原始数据解析异常，如图 7.15 所示。

（2）分析方法

M/N/O 文件数据格式错误主要表现为 M/N/O 文件格式检查结果显示错误。

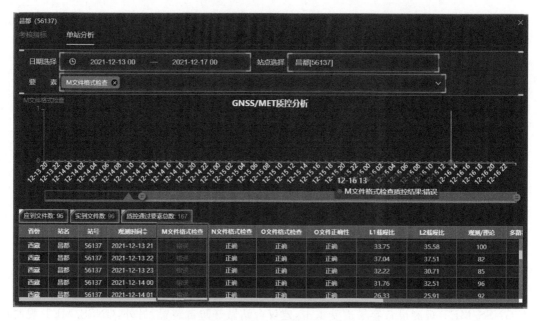

图 7.12　昌都站 M 文件数据格式错误示例

```
 1        2.11           METEOROLOGICAL DATA              RINEX VERSION / TYPE
 2  GnssTransV5.0        HBQX            31-Dec-21 00:30  PGM / RUN BY / DATE
 3                                                        COMMENT
 4  55299                                                 MARKER NAME
 5        3   PR   TD    HR                               # / TYPES OF OBSERV
 6  VAISALA              PTB220                      0.1  PR SENSOR MOD/TYPE/ACC
 7  VAISALA              HMP45D                        1  TD SENSOR MOD/TYPE/ACC
 8  VAISALA              HMP45D                      0.1  HR SENSOR MOD/TYPE/ACC
 9       31.4900           92.0700           0.2  4507.0000 PR SENSOR POS XYZ/H
10                                                        END OF HEADER
11  21 12 31  0  5  0   588.1  -17.3   76.0
12  21 12 31  0 45  0   588.2  -18.1   75.0
13  21 12 31  0 50  0   588.2  -18.3   76.0
14  21 12 31  0 20  0   588.1  -17.7   76.0
15  21 12 31  0 40  0   588.2  -18.0   76.0
16  21 12 31  0 55  0   588.3  -18.3   76.0
17  21 12 31  0 35  0   588.2  -17.9   76.0
18  21 12 31  0 10  0   588.1  -17.4   76.0
19  21 12 31  0 25  0   588.2  -17.7   76.0
20  21 12 31  0 30  0   588.2  -17.8   76.0
21  21 12 31  0 15  0   588.1  -17.5   76.0
```

图 7.13　昌都站 M 文件气象参数未按时间排序示例

（3）解决方案

1）M 文件数据格式检查错误,建议检查气象文件(气压、气温、相对湿度)生成程序是否正常。未配备三要素气象仪的 GNSS/MET 观测设备,气象文件的数据采样率为各省气象局信息中心实时获得的地面自动气象站的数据采样率。

2）O/N 文件数据格式错误问题略复杂,建议联系厂家确定具体问题并解决。

（4）问题追踪

可利用 GNSS 数据预处理软件 TEQC 检查文件数据错误。各省(区、市)气象局中心及时更新气象文件的生成程序和 GNSS/MET 数据解析软件系统版本。

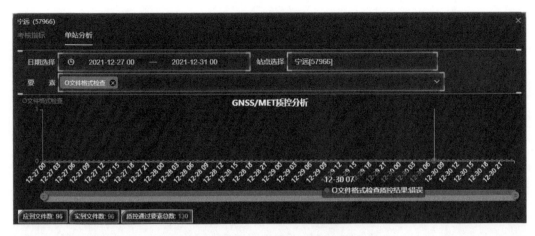

图 7.14　宁远站 O 文件数据格式错误示例

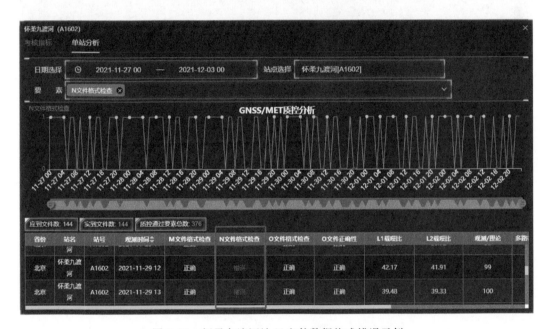

图 7.15　怀柔九渡河站 N 文件数据格式错误示例

7.3.6　省级数据转换软件系统版本较低导致数据正确率低于目标要求

（1）案例介绍

2022 年 3 月 23—25 日，青海省兴海站，GNSS/MET 数据正确率 66.7%，经分析核查，其 L2 信噪比低于 20，且观测有效率低于 80%，导致 O 文件"错误"，排查发现青海省气象局信息中心的 GNSS/MET 数据解析软件系统版本较低造成原始数据解析异常，如图 7.16 所示。

（2）分析方法

全省多个站点出现多类型错误，需排查 GNSS/MET 数据解析软件系统异常。

（3）解决方案

及时升级 GNSS/MET 数据解析软件系统版本。

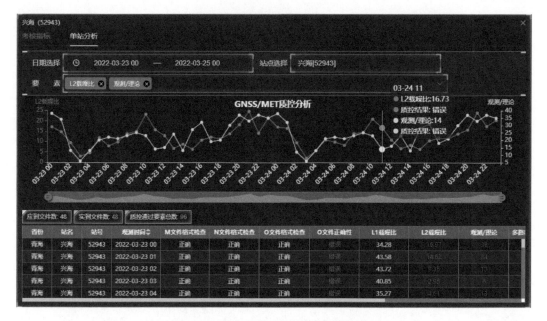

图 7.16　青海兴海站数据解析异常示例

（4）问题追踪

升级 GNSS/MET 数据解析软件系统版本后，进一步跟踪异常数据恢复情况。

第 8 章　土壤水分

8.1　分析方法

土壤水分数据质量问题站点评价指标包括：数据正确率、O-B 评估、体积含水量和相对湿度数据质量异常频次。

8.1.1　数据正确率

自动土壤水分观测站平均数据正确率是指在选取的评估时段内，在土壤水分站无故障工作时间内，各探测层质控正确数据总量占实到探测层数据总量的百分比（式(8.1)）。

$$\text{数据正确率} = \frac{\text{各探测层质控正确数据总量}}{\text{实到探测层数据总量}} \times 100\% \tag{8.1}$$

其中：①评估指标：正确率≥96%。②各探测层质量控制正确数据总量是指体积含水量极值检查、突变极值检查、恒值检查、相对湿度极值检查结果为正确的数据总量。

8.1.2　体积含水量和相对湿度检查

（1）体积含水量和相对湿度界限值检测

依据土壤水分传感器测量范围，结合土壤质地的保水性特征，以保水性最好的黏土在过饱和时所能达到的体积含水量为界限值设定阈值 VD（式(8.2)）；但因灌溉、强降水等因素造成土壤的过饱和以及田间持水量参数测定偏小造成土壤相对湿度短时间超过 100% 现象，以 3 倍标准差设定阈值 RHD（式(8.3)），超过该范围为粗大误差，数据错误。

$$VD: 0 < X_{tD} < 60 \tag{8.2}$$

$$RHD: 0 < Y_{tD} < 180 \tag{8.3}$$

式中，X_{tD} 为 t 时刻 D 深度的土壤体积含水量值，Y_{tD} 为 t 时刻 D 深度的土壤相对湿度值。

（2）无降水突变检测

降水是影响土壤水分变化的重要变量，无降水突变是基于二者间的一致性关系而检测出异常值的方法。在某 t 时刻，如果 24 h 累计降水量小于等于某一临界值，且满足式(8.4)和式(8.5)或式(8.6)条件，即为异常值。

$$X_{tD} > X_{(t-1)D} \tag{8.4}$$

$$X_{tD} - X_{(t-24)D} < 2s_{x[t-24t]D} \tag{8.5}$$

$$|X_{tD} - X_{(t-1)D}|^3 > 3 \tag{8.6}$$

式中，$X_{(t-1)D}$、$X_{(t-24)D}$ 分别代表 $t-1$ 时刻和 $t-24$ 时刻 D 深度的土壤体积含水量值。$s_{x[t-24t]D}$ 是过去 24 h 内深度为 D 的土壤体积含水量标准偏差。24 h 累计降水量临界值与观测深度和传感器精度有关，可用式(8.7)表示。

$$P_{\min} > \frac{DAp}{100} \tag{8.7}$$

式中,D 指传感器的观测深度,单位 cm,A 是传感器精度,p 是土壤孔隙度,通常取值为 0.05 m³/m³ 和 0.5。基于降水的土壤体积含水量异常值检测更适用于表层(0~10 cm)。

（3）恒值检测

恒值检测也称最小变率检测,由于观测仪器发生故障、霜冻等原因造成观测值长时间不变或微变,引起观测记录不真实。为区别降水造成的土壤水分正常过饱和,需持续达到一定时间,土壤体积含水量的变化小于传感器精度的 1%,即 0.0005 m³/m³,见式(8.8)和式(8.9)。

10~20 cm,可用 48 h 内最高值和最低值检测恒值,即

$$X_{\max(48\ h)} - X_{\min(48\ h)} < 0.0005 \tag{8.8}$$

式中 $X_{\max(48\ h)}$、$X_{\min(48\ h)}$ 分别代表 48 h 内土壤体积含水量最高值和最低值。

30~50 cm,可用 15 d 内最高值和最低值检测恒值,即

$$X_{\max(15\ d)} - X_{\min(15\ d)} < 0.0005 \tag{8.9}$$

式中 $X_{\max(15\ d)}$、$X_{\min(15\ d)}$ 分别代表 15 d 内土壤体积含水量最高值和最低值。

8.1.3　O-B 评估

利用 CMA-CLDAS 背景场资料与 0~100 cm 土壤体积含水量分别进行时空匹配对比,计算并分析体积含水量观测和模式之间标准偏值及相关系数,如某站体积含水量标准差大于 15 g/cm³ 超过对比总次数的 20%(现行标准),O-B 评估结果显示疑误,表示观测值与偏差值偏差较大。具体计算方法如式(8.10)。

O-B 标准偏差,观测与模式偏差取值与其平均值的偏离程度,记为 s。

$$s = \left[\frac{1}{n-1} \sum_{i=1}^{n} (x_i - \bar{x})^2 \right]^{\frac{1}{2}} \tag{8.10}$$

式中,假定观测与模式偏差(x)为服从正态分布的随机变量,n 为随机变量的个数。

8.1.4　评价标准

土壤水分数据质量问题评价标准:

①单站土壤水分周平均数据正确率不达标(小于 96%)。②体积含水量 O-B 标准差大于 15 g/cm³。③异常频次大于等于 10 次。

符合①③或②③指标的判定为异常站点。

8.2　问题原因

土壤水分数据质量问题包括:土壤水文物理常数漂移、设备故障或性能下降、传感器定标参数漂移。

8.3　案例分析

全国气象部门在用自动土壤水分观测仪型号主要包括 DZN1 型、DZN2 型和 DZN3 型。

其中 DZN1 型、DZN2 型为插管式传感器,DZN3 型为插针式传感器。3 种型号设备的故障现象和解决方案有所差异。更换 DZN1 型自动土壤水分观测仪采集器时,需通过中心站重新向设备发送土壤水文物理常数及传感器标定参数。更换 DZN2 型自动土壤水分观测仪传感器后,需要通过中心站重新设置传感器标定频率,更换采集器时需在采集器端重新设置采集器的地址、IP、端口、APN 信息。更换 DZN3 型自动土壤水分观测仪传感器后,需在设备端重新标定传感器在空气和水中的频率,更换采集器时需在采集器端重新设置采集器的地址、IP、端口、APN 信息。

案例中使用的图例及分析方法在天衡系统中操作方法如下:

(1)数据质量监视

点击天衡系统标题区系统标识或"主页"按钮,再将鼠标移到"快速切换区"→"观测设备切换区"的"当前设备"图标上,点击浮窗上"土壤水分"图标,即可显示自动土壤水分站的实时质量监控页面,如图 8.1 所示。

图 8.1　土壤水分站数据质量监视

点击综合,在搜索框中输入要查找的站点,点击出现的地图上的图标,点击单站分析,选择要查找的时间段及要素,出现站点的观测数据随时间变化的曲线如图 8.2 所示。

(2)实况模式偏差查看

点击图 8.2 中所示的数据评估,选择深度、开始时间及结束时间,实况模式时间序列如图 8.3 所示。

8.3.1　安装不规范质量改进案例

8.3.1.1　传感器与土壤接触不良导致数据异常偏低

(1)案例介绍

2021 年 5 月 8 日 15 时,武城站第一层土壤体积含水量发生突降,由正常的 25 g/cm³ 降为 10 g/cm³,其余各层土壤体积含水量未发生明显波动,5 月 8—10 日武城站各层次土壤体积含水量如图 8.4 所示。

(2)分析方法

分析自动土壤水分站在一定时间段内各层土壤水分体积含水量变化特征,若仅第一层土壤体积含水量发生突降且随时间发生微小变化,则初步诊断为土壤龟裂或传感器与土壤接触

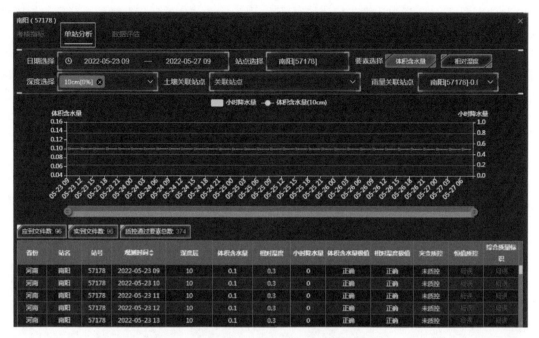

图 8.2　单站土壤水分体积含水量质控分析图

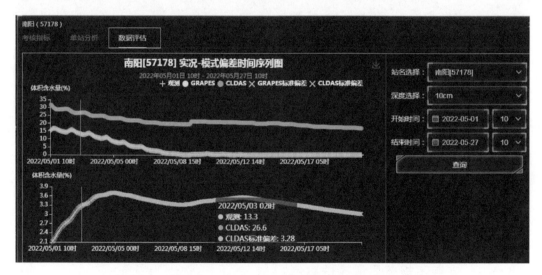

图 8.3　单站土壤水分体积含水量实况-模式偏差时间序列图

不良。

（3）解决方案

台站应检查传感器安装是否规范、土壤是否发生龟裂，经检查发现台站重新安装的传感器直接插入原来位置，造成 10 cm 传感器与土壤接触不良、数据异常偏低。

（4）问题追踪

台站重新选择取土孔并规范安装传感器后数据恢复正常。传感器重新安装时，应该重新选择取土位置，避免传感器与土壤接触不良。

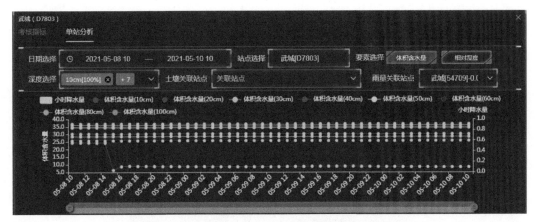

图 8.4　武城站 0～100 cm 土壤体积含水量时序变化

8.3.1.2　表层传感器暴露空气导致数据异常偏低

（1）案例介绍

2022 年 5 月 1—12 日，北京市大兴区永和庄 10 cm 土壤水分传感器暴露空气且水土流失，导致土壤体积含水量长时间为 0 g/cm³，如图 8.5 所示。

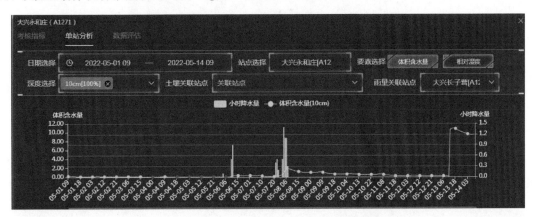

图 8.5　大兴区永和庄站 10 cm 土壤体积含水量时序变化

（2）分析方法

土壤体积含水量小于等于 0 g/cm³ 或者大于 60 g/cm³ 时，超过传感器测量范围，数据异常，可初步诊断为设备故障、土壤龟裂、传感器与土壤接触不良、标定参数不适用等引起。

（3）解决方案

台站应实地检查传感器运行状态、周边土壤环境、传感器安装是否规范等。经核查，该站表层土壤水分传感器外层管体露出地面 14.5 cm，不符合露出地面 7.5 cm 的安装规范要求，如图 8.6 所示，表层传感器测量的空气比重大导致其总体介电常数变小，土壤水分降为 0 g/cm³。

（4）问题追踪

台站及时联系厂家按照安装规范要求重新安装传感器，规范安装后连续人工对比观测 1 个月（不少于 6 次，遇 0～10 cm 土壤冻结顺延）。台站于 2022 年 5 月 13 日规范安装后数据恢复正常值范围内，并随后进行了对比观测。

图 8.6　大兴区永和庄站土壤水分传感器安装高度图

8.3.1.3　O-B 持续偏高

（1）案例介绍

2022 年 4 月 7 日，贵州省盘州站 30 cm 土壤水分传感器故障修复后，省级中心站软件标定参数与台站不同步，引起 30 cm 土壤体积含水量与模式偏差较大，如图 8.7 所示。

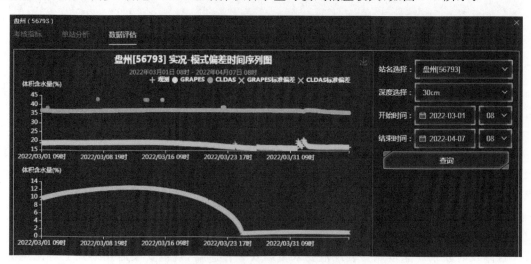

图 8.7　2022 年 3 月贵州省盘州土壤水分站 30 cm 实况—模式对比分布情况

（2）分析方法

分析土壤水分在一定时间段内的 O-B 偏高的数值出现的频次和持续时间,如果短时间内出现的频次占比较高或偏高的持续时间较长,且相邻层土壤体积含水量正常,可初步判为设备故障、安装不规范或标定参数不适用等。经核查,2021 年 12 月 15 日,该站更换了故障传感器后数据异常。台站应联系厂家检查传感器运行状态、安装是否规范、是否完成省级中心站软件数据库的同步修改。

（3）解决方案

① 检查安装是否规范。检查发现封帽帽身是 DZN2 型,帽盖是 DZN3 型,封帽和帽身不匹配造成防护管密封差,管内积水,且防护管和土壤之间缝隙大,需按照安装规范要求重新安装传感器。

② 检查更换传感器后是否完成中心站数据库的同步修改。DZN2 型更换传感器后需修改土壤水分中心站软件数据库的标定频率(空气频率、水中频率),台站未完成中心站数据库的同步修改,造成数据失真。

（4）问题追踪

台站已联系厂家及时按照安装规范要求重新安装传感器并修改中心站软件数据库的标定频率,数据恢复正常。更换土壤水分传感器后应按照安装说明规范安装,避免土层破坏、防护管与土壤接触不紧密等问题导致的数据异常。安装运行 14 d 后进行人工取土对比观测一次,进行器测数据误差验证,必要时进行标定参数调整。对于 DZN2 型应记录每层传感器标定频率并更新修改中心站软件数据库的标定频率。

8.3.2　设备故障质量改进案例

8.3.2.1　传感器故障导致数据异常偏低

（1）案例介绍

2022 年 4 月 12 日,山东省聊城茌平站 40 cm 土壤水分传感器故障,与相邻层相比土壤体积含水量长期偏低为 16.8 g/cm³,4 月 13 日 10 时台站更换 40 cm 传感器后体积含水量升高至 27.4 g/cm³,数据恢复正常,如图 8.8 所示。

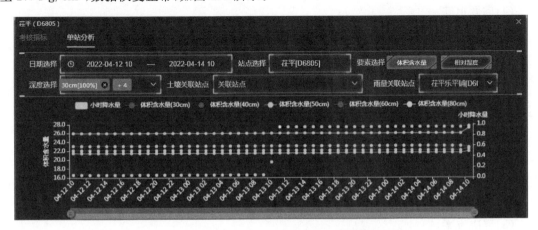

图 8.8　茌平站 30～80 cm 土壤体积含水量时序变化

2022 年 4 月,山东省滕州龙阳土壤水分站设备性能下降,与相邻层相比土壤体积含水量长期偏低为 10 g/cm³,4 月 23 日 18 时台站更换 40 cm 传感器后体积含水量升高至 29.2 g/cm³,数据恢复正常,如图 8.9 所示。

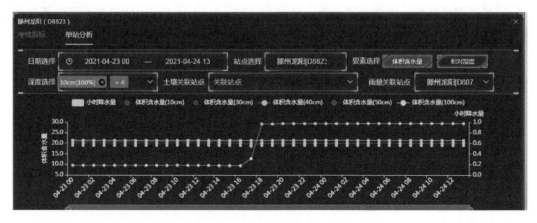

图 8.9　滕州龙阳站各层土壤体积含水量时序变化

(2)分析方法

分析土壤水分在一定时间段内观测值异常偏低出现的频次和持续时间,如果短期内出现的频次占比较高或偏低的数值持续时间较长,同时与相邻层土壤体积含水量值差异较大,可初步判断为设备故障、安装不规范或标定参数不适用等。台站可首先检查传感器和采集器等设备运行状态、安装是否规范等。

(3)解决方案

① 重启采集器,查看采集器屏幕数据是否恢复正常,数据保持无变化。②检查采集器与探测器的 485 通信电缆是否断路,如中间是否有破损、接口接触不良、探测器端接线端子接线松动等,借助万用表测量通断。重新插拔所有接线端子,保证端子接线良好,数据无变化。③检查 40 cm 层次的接线正常,用万用表直流电压档测传感器信号电压,信号电压为负值,正常值应该为 0~2 V,故判断 40 cm 层次传感器故障。④更换传感器,规范安装后数据恢复正常。

(4)问题追踪

单层传感器故障造成本层土壤水分数据异常,更换传感器后数据恢复正常。

8.3.2.2　传感器故障导致数据异常偏高或跳变

(1)案例介绍

2022 年 4 月 13—14 日 23 时,山东省莱州东站 50 cm 体积含水量异常偏高且出现跳变,最大时接近 40 g/cm³,天衡系统的质控结果显示突变质控"可疑",如图 8.10 所示。

(2)分析方法

莱州东站 50 cm 土壤体积含水量前后时次突增超过 20%,且短期内观测值突变出现的频次占比较高且持续时间较长,同时与相邻层土壤体积含水量值对比差异较大,可初步判断为传感器或采集器等设备故障。

(3)解决方案

重启采集器,重新插拔所有传感器接线端子,数据保持异常。检查 50 cm 传感器接线正常,用万用表直流电压档检测传感器信号电压,信号电压为负值,因此判断 50 cm 土壤水分传

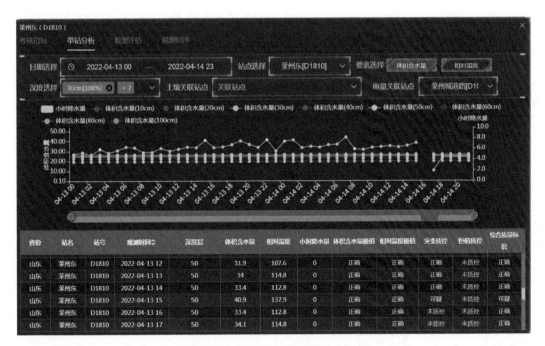

图 8.10 莱州东站 0～100 cm 土壤体积含水量时序变化

感器故障,更换传感器并规范安装后数据恢复正常。

(4)问题追踪

单层传感器故障造成本层数据异常,更换传感器后数据恢复正常。

8.3.2.3 传感器故障导致数据异常偏低或跳变

(1)案例介绍

2021 年 11—12 月,山东省枣庄站 10 cm、20 cm 体积含水量异常偏低,并出现 2 次跳变现象,10 cm 体积含水量多时次为 0 g/cm³,质控结果显示 10 cm 体积含水量极值"错误",如图 8.11 所示。

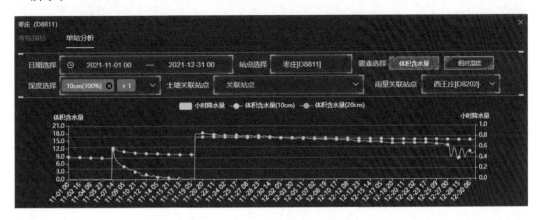

图 8.11 枣庄站 0～20 cm 土壤体积含水量时序变化

(2)分析方法

分析土壤水分在一定时间段内观测值为 0 或者跳变出现的频次和持续时间,如果短期内出现的频次占比较高且持续时间较长,可初步诊断为传感器或采集器等设备故障。

(3)解决方案

重启采集器,重新插拔所有传感器接线端子,数据保持异常。检查 10 cm、20 cm 传感器接线正常,用万用表直流电压档检测传感器信号电压,信号电压为负值,因此判断 10 cm、20 cm 土壤水分传感器故障,更换 10 cm、20 cm 传感器并规范安装后数据恢复正常。

(4)问题追踪

传感器故障造成本层数据异常,台站更换 10 cm、20 cm 传感器后数据恢复正常。

8.3.2.4 传感器短路导致整层数据跳变

(1)案例介绍

江苏省沭阳站 2021 年 11 月 12 日 10 cm 土壤体积含水量出现跳变,20 cm 土壤体积含水量偏低,并且随后出现整层传感器数据缺测及跳变情况,2021 年 11 月 13 日 14 时更换 10 cm、20 cm 传感器后数据恢复正常,如图 8.12 所示。

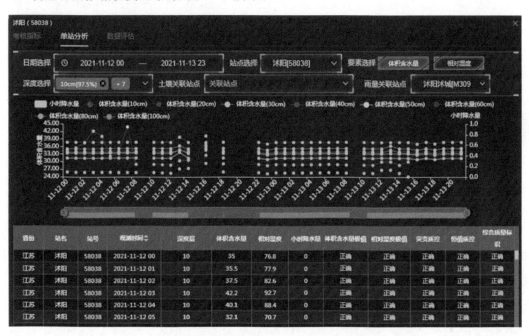

图 8.12　沭阳站更换传感器前后各层次土壤体积含水量

(2)分析方法

通常采集器异常或者传感器短路会导致土壤水分站各层无数据或所有层观测值异常。10 cm 土壤体积含水量出现跳变,初步诊断为 10 cm 传感器短路造成本层数据跳变及其他层数据异常、20 cm 土壤体积含水量偏低,初步诊断为本层传感器性能下降引起。

(3)解决方案

① 重启采集器,查看采集器屏幕数据是否恢复正常,数据无变化。②检查采集器与探测器的 485 通信电缆正常。③用万用表直流电压档测量各层传感器信号电压,10 cm 传感器信号电压大于 2 V,判断 10 cm 传感器短路,更换 10 cm 传感器;20 cm 传感器信号电压为 0.4 V 左右,虽处于正常电压范围内,但比 30 cm 及更换的 10 cm 层次电压小,因此判断 20 cm 传感器性能下降,更换 20 cm 传感器。④也可采用排除法,将 8 支传感器分别取下,观察采集器读

数有无变化,没有安装传感器的情况下采集器各层数据为 0,判断出采集器正常;然后再逐层插上传感器,插上 10 cm 传感器,发现数据异常,拔下 10 cm 传感器插上 20 cm 传感器,发现数据异常;拔下 20 cm 传感器继续测试其他层,经测试发现其他层数据均正常。

(4)问题追踪

10 cm 传感器短路故障造成体积含水量出现跳变情况,偶尔会导致采集器不能正常运行,进而引起所有层数据缺测。20 cm 传感器性能下降造成本层数据偏低。现场更换 10 cm、20 cm 传感器后数据恢复正常范围。

8.3.2.5　采集器故障导致数据长期跳变

(1)案例介绍

山东省东平张河桥站 50 cm 传感器数据长期跳变且跳变幅度增大,2022 年 5 月土壤体积含水量最大达到近 80 g/cm^3,质控结果显示"错误",如图 8.13 所示。

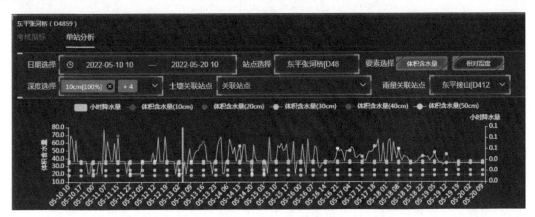

图 8.13　东平张河桥站 50 cm 土壤体积含水量时序变化

(2)分析方法

分析土壤体积含水量在一定时间段内观测值超过 60 g/cm^3 或者跳变出现的频次和持续时间,如果短期内出现的频次占比较高且持续时间较长,可初步诊断为传感器或采集器等设备故障。

(3)解决方案

① 重启采集器检查线路并重新插拔所有传感器接线端子,发现数据保持异常。②更换 50 cm 传感器,数据基本恢复正常 3 h 后重新跳变。③互换 40 cm、50 cm 传感器的接线端子,观察数据变化情况,发现 40 cm 土壤水分数据反复跳变,初步判断采集器 50 cm 的通道故障。④更换采集器恢复正常接线后,中心站重新发送传感器标定参数,50 cm 土壤体积含水量未发生跳变,40 cm 传感器数据异常。重新连接 40 cm 传感器接线端子,数据恢复正常。

(4)问题追踪

采集器通道故障造成土壤水分数据跳变,在更换采集器过程中,因接线端子接触不良,造成次生故障进而引起数据异常。

8.3.2.6　采集器故障导致整层数据跳变

(1)案例介绍

2022 年 4 月 18 日 10 时,山东省单县站 0～100 cm 土壤水分整层数据跳变,19 日 00 时体积含水量最高为 90.5 g/cm³,4 种质控方法质控结果均为"疑误",如图 8.14 所示。

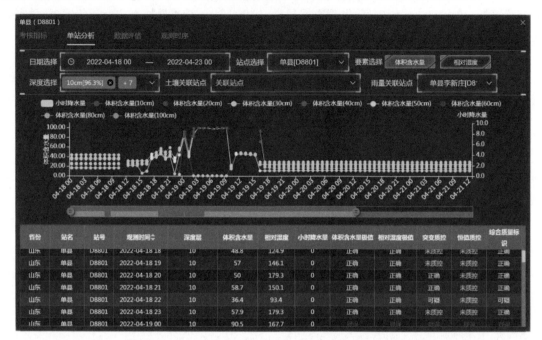

图 8.14 单县站 0～100 cm 土壤体积含水量时序变化

(2)分析方法

分析土壤水分站整层土壤体积含水量在一定时间段内观测值跳变或者质控结果为"可疑或疑误"出现的频次和持续时间,可初步诊断为采集器故障或某层传感器短路等导致。

(3)解决方案

重启采集器,查看数据是否恢复正常。重启采集器不能排除故障时,可直接查看采集器屏显数据,然后逐层取下传感器端子,如果拔下某层传感器后其他层数据正常,可判定该层传感器故障,待更换新的传感器后再插上端子,如所有层均显示数据异常,可判断采集器故障。

(4)问题追踪

本案例重启采集器后数据恢复正常。如采集器故障,DZN1 型设备更换采集器后需中心站重新发送标定参数。

8.3.2.7 采集器故障导致数据异常偏低

(1)案例介绍

2021 年 4 月 14 日,山东省枣庄市山亭区水泉镇站更换采集器和 10 cm 传感器后数据偏小低至 11 g/cm³,如图 8.15 所示。

(2)分析方法

分析土壤水分在一定时间段内观测值异常偏低出现的频次和持续时间,如果短期内出现的频次占比较高或偏低的数值持续时间较长,同时与相邻层土壤体积含水量值差异较大,可初步判断为标定参数不适用或传感器性能下降等。

(3)解决方案

经核查,台站于 4 月 1 日更换采集器后未重新设置省级中心站软件土壤水分标定参数,导

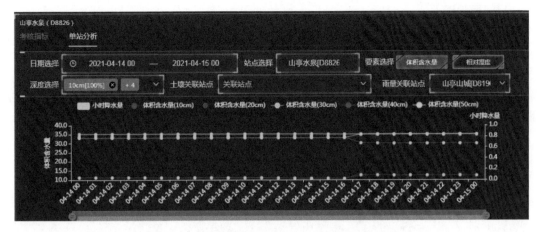

图 8.15 山亭水泉站逐层土壤体积含水量时序变化

致 10 cm 土壤水分观测值偏低。更换 DZN1 型自动土壤水分观测仪采集器时,需通过中心站软件重新向设备发送土壤水文物理常数及传感器标定参数。

(4)问题追踪

中心站重新设置标定参数发送到采集器后,数据恢复正常。

8.3.2.8 通讯卡故障导致无数据

(1)案例介绍

江苏省扬州市江都仙女农气站 2022 年 1 月 3 日 4 时起因通讯卡故障 0～100 cm 整层土壤水分观测值缺测,2022 年 1 月 4 日更换通讯卡后数据恢复正常,如图 8.16 所示。

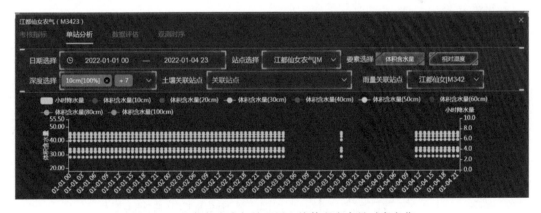

图 8.16 江都仙女农气站逐层土壤体积含水量时序变化

(2)分析方法

土壤水分站 0～100 cm 整层数据缺测,可初步诊断为通讯系统或供电系统故障。排除供电系统故障后,本案例主要原因是设备故障或通讯卡欠费。

(3)解决方案

重启无线通讯模块,查看网络连接是否正常。将通讯卡安装到手机,查看通讯卡是否欠费。在通讯模块内安装新的通讯卡,观察通讯模块工作是否正常或重新更换通讯模块判断通讯卡是否正常。本案例更换通讯卡后,数据恢复正常传输。

（4）问题追踪

通讯卡故障导致数据传输异常，更换通讯卡后数据传输恢复正常，缺失数据补传成功。

8.3.2.9　供电系统故障导致无数据

（1）案例介绍

山东省沾化区下洼站 2022 年 5 月 26 日 15 时起因供电系统故障 0～100 cm 整层土壤水分观测值缺测，5 月 27 日 10 时更换电源控制器后数据恢复正常，如图 8.17 所示。

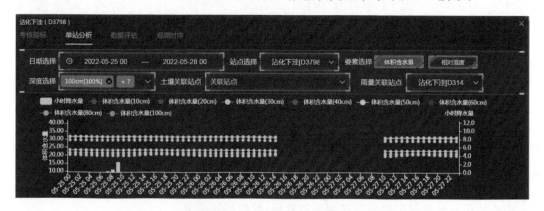

图 8.17　山东省沾化区下洼站逐层土壤体积含水量时序变化

（2）分析方法

土壤水分站 0～100 cm 整层数据缺测，可初步诊断为通讯系统或供电系统故障。本案例主要原因是供电系统故障，需检查蓄电池及电源控制器运行状态。

（3）解决方案

① 检查充电控制器各个指示灯是否正常，测量蓄电池电压，是否高于 11.7 V，该站充电控制器指示灯异常，负载输出电压为 0 V，如图 8.18 所示。

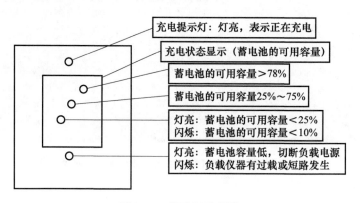

图 8.18　指示灯示意图

② 使用万用表直流电压档检测太阳能板是否有电压，显示电压正常。

③ 将太阳能板的一根线从充电控制器上拆下，使用万用表测量是否有充电电流，该站有充电电流，太阳能和蓄电池输出均正常，负载输出电压为 0 V 时，为电源控制器故障。

④ 更换电源控制器，充电控制器各指示灯恢复正常，充电正常，数据传输恢复正常。

(4)问题追踪

太阳能板输出和蓄电池输出正常、负载输出电压为 0 V 时,为电源控制器故障,更换电源控制器后,充电恢复正常,数据传输正常。

8.3.3　标定参数漂移质量改进案例

8.3.3.1　数据长期异常偏高

(1)案例介绍

贵州省榕江站 2022 年 3 月 10 日整层土壤体积含水量观测值异常偏高,其中 30 cm 体积含水量最高达到 60 g/cm³,3 月 29 日更新土壤水分整层标定参数后,数据恢复正常,如图 8.19 所示。

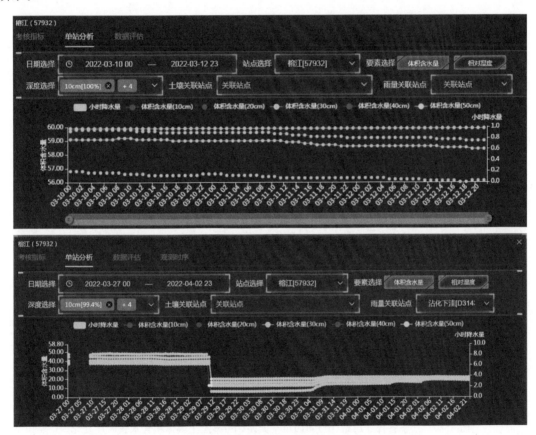

图 8.19　贵州省榕江站标定参数修改前(上)后(下)对比图

(2)分析方法

分析土壤水分在一定时间段内观测值异常偏高出现的频次和持续时间,如果短期内出现的频次占比较高的数值持续时间较长,可初步诊断为设备故障或标定参数不适用等。

(3)解决方案

通过联合贵州省气象局和厂家共同排查,榕江土壤水分站各层传感器标定频率和中心站软件不一致。当土壤水分标定参数不适用时,建议联系厂家根据人工对比观测数据对仪器进行重新标定。

（4）问题追踪

榕江土壤水分站技术人员记录了每层传感器标定频率，更新中心软件标定频率及标定参数后数据恢复正常范围，建议台站人工观测一次进行自动和人工误差验证，必要时需进行重新修正。

8.3.3.2　数据长期异常偏低

（1）案例介绍

2022 年以来辽宁省普兰店站整层土壤体积含水量长期异常偏低，均在 15 g/cm³ 以下，10 cm 土壤体积含水量长期为 0 g/cm³ 或出现跳变。四川省平武站 2022 年 3 月 20—24 日整层土壤体积含水量也异常偏低，均在 9 g/cm³ 以下，上述两站观测值与当地土壤墒情不符，如图 8.20 所示。

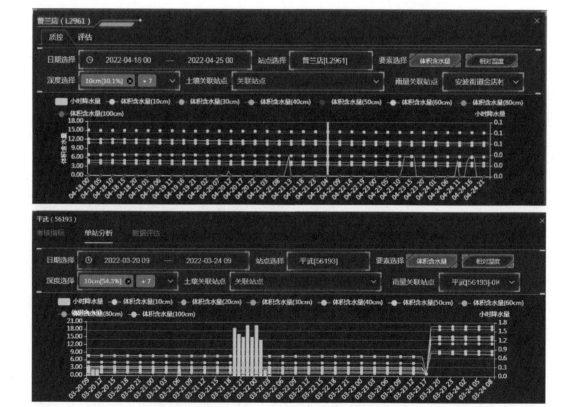

图 8.20　辽宁省普兰店站（上）和四川平武站（下）整层土壤体积含水量时序变化

（2）分析方法

辽宁省普兰店土壤水分站异常问题是表层土壤体积含水量极值疑误及突变疑误，其他层次体积含水量偏低。通过联合辽宁省气象局和厂家核查，传感器故障引起土壤水分跳变或异常偏低。同时该站建站时间超过 10 a，表层土壤质地发生物理性改变，发生不均衡的下沉和土壤水分流失导致原标定参数已不适用。

四川省平武土壤水分站异常问题是整层土壤体积含水量观测值长期异常偏低，通过联合四川省气象局和厂家核查，该站为 A 型有线传输，设计思路为本地标定，实际为中心站标定，标定参数不适用或标定结果错误等引起土壤水分异常偏低，需重新核实土壤标定参数。

（3）解决方案

普兰店于 2022 年 6 月 4 日更换 10 cm 传感器，10 cm 土壤体积含水量不再保持为 0 g/cm³ 但仍旧偏低，更换传感器前后普兰店站各层次土壤体积含水量如图 8.21 所示，随后联系厂家对整层土壤水分传感器进行重新标定。

平武站技术人员现场取出传感器并抄记每层传感器的标定频率，发现同中心站的标定频率有出入，3 月 23 日重新测定标定频率，修改中心站标定频率后数据恢复正常范围。

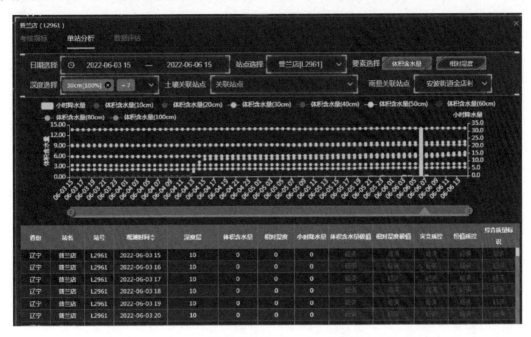

图 8.21　普兰店站更换传感器前后各层次土壤体积含水量对比图

（4）问题追踪

对普兰店土壤水分传感器进行重新标定并修改参数后数据恢复正常范围。修改中心站软件平武站的标定频率并重新发送后，数据恢复正常范围。建议台站人工取土观测一次，并进行自动和人工观测误差验证，必要时需重新修正标定参数。

8.3.3.3　O-B 偏差持续偏高

（1）案例介绍

2022 年 2 月以来，通过天衡系统发现河南省登封市唐庄站整层观测数据与 CLDAS 模式偏差超过 15 g/cm³，20 cm 土壤体积含水量逐渐下降至 0 g/cm³。其中 10 cm 观测数据与 CLDAS模式偏差和整层土壤体积含水量时序变化如图 8.22 和图 8.23 所示。

（2）分析方法

查询中心站数据库配置，发现每层传感器标定频率和现场不一致，20 cm 偏差明显（真实为 72，配置为 69）导致体积含水量计算错误。该站问题从 2 月初土壤水分电性能核查至今问题持续。

（3）解决方案

通过联合河南省气象局和厂家现场核查发现各层传感器标定参数错误，记录每层传感器标定频率并于 2022 年 5 月 19 日 10 时完成中心站数据库的更新修改，数据恢复历史正常范围内。

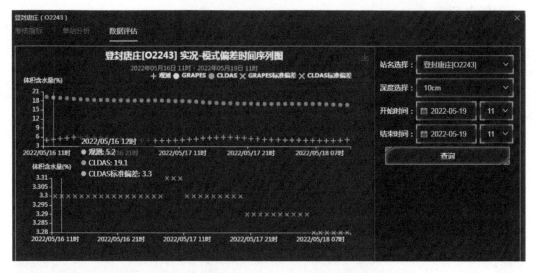

图 8.22　登封唐庄土壤水分站 10 cm 观测与模式偏差时序变化

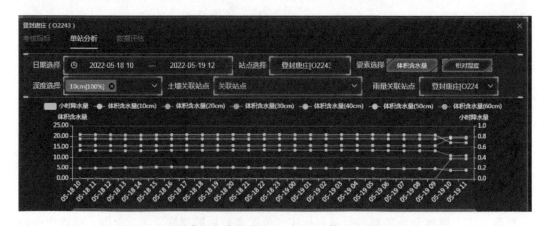

图 8.23　登封唐庄土壤水分站 0~100 cm 体积含水量时序变化

（4）问题追踪

观察各层传感器标定参数修改后数据变化，建议台站人工取土观测一次，并进行自动和人工观测误差验证，必要时需重新修正标定参数。

8.3.3.4　特殊土壤类型标定参数不适用

（1）案例介绍

河南省南阳站表层土壤体积含水量长期异常偏低，稳定保持在 0.1 g/cm³，如图 8.24 所示。

（2）分析方法

分析土壤体积含水量在一定时间段内接近 0 出现的频次和持续时间，发现浅层土壤体积含水量由于干旱缓慢下降至近 0 g/cm³，质控结果显示"疑误"，可初步诊断为设备故障或标定参数不适用等。

（3）解决方案

通过联合河南省气象局和厂家现场核查发现测量地段土质类型为料姜石风化土，此类土

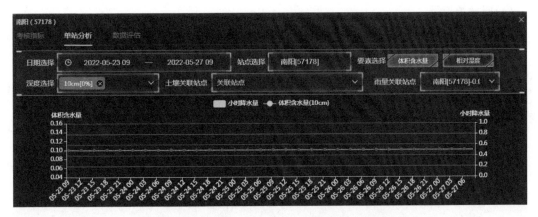

图 8.24　南阳土壤水分站 10 cm 土壤体积含水量时序

质在极度干旱情况下土壤孔隙度大,机测数据偏小,而二次修订方程中浅层订正值均为负值,导致修订后数据为近 0 g/cm³。料姜石风化土浅层修订值不宜为负值,建议台站进行对比观测,并进行观测误差验证,必要时修订土壤水分标定参数。

（4）问题追踪

台站准备重新测定标定参数。

8.3.3.5　土壤水分观测值长期无变化

（1）案例介绍

宁夏回族自治区平罗站 10 cm 数据长期无变化,体积含水量为 28.1 g/cm³,质控结果显示"疑误",2022 年 3 月 16 日调整一次项标定参数后数据恢复正常范围内,如图 8.25 所示。

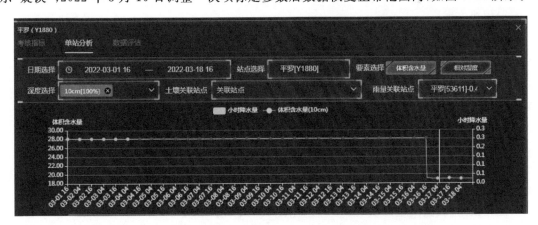

图 8.25　平罗站 10 cm 土壤体积含水量调整标定参数前后变化

（2）分析方法

10 cm 土壤体积含水量长期无变化,主要表现为 5 d 以上表层 10 cm 土壤体积含水量一直不变。查看土壤水分历史标定参数为 $A_1 = 0.1613$、$A_0 = 28.016$,因此体积含水量长期无变化的直接原因是原测量值的一次项变化量被缩小到原来的 1/5 以下。

（3）解决方案

修改标定参数,将一次项标定参数调整为 1,常数项参照历史绝对差值进行对应调整。

(4)问题追踪

一次项标定参数错误为本层数据异常的主要原因,调整标定参数后数据恢复正常范围内。

8.3.3.6　体积含水量异常偏高超限

(1)案例介绍

2022年3月30日21时,湖北省赤壁站30 cm体积含水量持续6 h均为60 g/cm³保持不变,4月2日调整一次项标定参数后数据恢复正常,如图8.26所示。

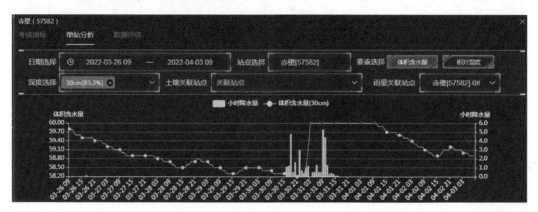

图8.26　赤壁站30 cm土壤体积含水量调整标定参数前后的变化

(2)分析方法

检查土壤水分历史标定参数为$A_1 = 0.1817$、$A_0 = 35.322$,原测量值的一次项变化量被缩小到原来的1/5左右,这是造成体积含水量为60 g/cm³基本不变的最直接原因。

(3)解决方案

修改订正参数,将一次项订正参数调整为1,常数项参照历史绝对差值进行相应调整。

(4)问题追踪

一次项标定参数错误为本层数据异常的主要原因,调整标定参数后数据恢复正常。

8.3.4　土壤水文物理常数漂移质量改进案例

8.3.4.1　相对湿度异常偏高

(1)案例介绍

2021年11月,通过天衡系统发现山东省郓城郓州站多个层次土壤相对湿度在100%~180%范围波动,质量问题显示"相对湿度超限",如图8.27所示。

(2)分析方法

分析土壤相对湿度在一定时间段内超过100%,特别是相对湿度在150%以上的频次和持续时间,可初步诊断为土壤水分物理常数漂移。经台站实地核查,土壤水文物理常数有误且传感器被水浸泡导致土壤相对湿度异常偏高。

(3)解决方案

台站排水并重新测定、修改土壤水文物理常数。

(4)问题追踪

多层次土壤水分相对湿度异常偏高,通过联合山东省气象局、台站和厂家,排水并修改土

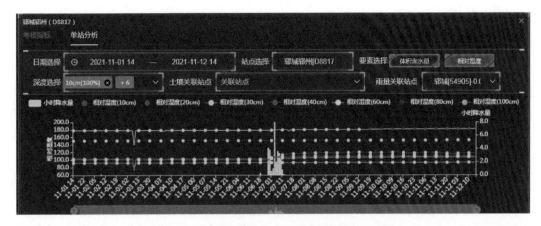

图 8.27　郓城郓州站 11 月份相对湿度变化情况

壤水文物理常数后数据恢复正常范围。

8.3.4.2　土壤相对湿度异常偏高超限

（1）案例介绍

2021 年 12 月 1—10 日，河南省虞城站，80 cm 和 100 cm 土壤相对湿度长时间分别维持在 190% 和 220% 以上，如图 8.28 所示。

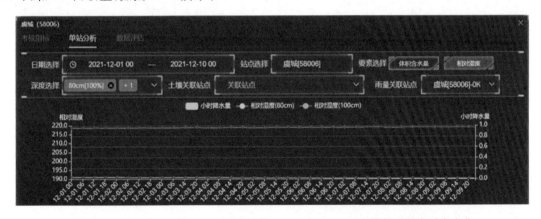

图 8.28　2021 年 12 月 1—10 日虞城站 80 cm 和 100 cm 土壤相对湿度时序变化

（2）分析方法

分析土壤相对湿度在一定时间段内超过 180% 的频次和持续时间，可初步诊断为灌溉或降水导致土壤湿度处于过饱和状态、标定参数漂移或土壤水文物理常数漂移等。

（3）解决方案

① 现场调查观测环境，判断是否为灌溉或降水导致土壤湿度处于过饱和状态。如环境正常，则进行一次人工取土观测，依据人工数据对机测数据进行误差验证，查看是否在允许误差范围内（体积含水量±5%），如果在误差范围内，则认定为土壤水文物理常数不适用。

② 如土壤水文物理常数不适用，则需按照《农业气象观测规范》《自动土壤水分观测规范》要求重新测定。

③ 本案例检查发现该站土壤水文物理常数 80 cm、100 cm 的"田间持水量"偏低，12 月 10 日，根据土壤相对湿度空间分布特征和土壤质地进行了土壤水分物理常数调整处理。

(4)问题追踪

调整土壤水文物理常数后,80 cm 和 100 cm 相对湿度降低到 180% 以下,数据恢复正常范围。建议台站取土测定土壤水文物理常数,并根据土壤相对湿度空间分布特征和土壤质地调整的参数对比,必要时重新修订土壤水文物理常数。

8.3.5　其他质量改进案例

8.3.5.1　观测环境缺失代表性

(1)案例介绍

河南省中牟土壤水分站,50 cm 和 100 cm 土壤体积含水量与相邻层次相比,长期异常偏低,2022 年 9 月 1—2 日各层次体积含水量,如图 8.29 所示。

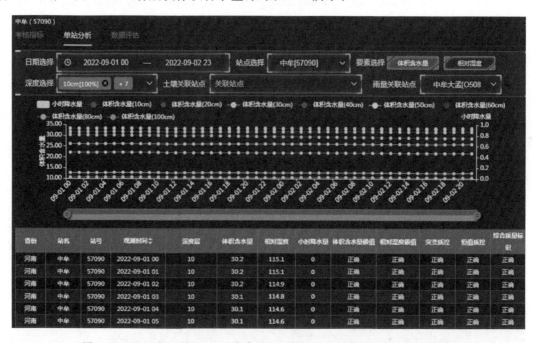

图 8.29　2022 年 9 月 1—2 日中牟站 0～100 cm 土壤体积含水量时序变化

(2)分析方法

分析中牟站 50 cm 和 100 cm 土壤体积含水量与相邻层土壤体积含水量值对比差异较大,且长期处于干旱状态,可初步判断为观测环境异常等引起。

(3)解决方案

① 现场取土发现测站安装地段为黄河滩地,土层结构复杂,黏土层与沙土层交错,导致与相邻层次相比土壤水分异常偏干。

② 测场各层土壤以砂土和黏土为主,而周边土壤以砂土为主,二者土壤结构差异大,不具代表性,建议迁站。

(4)问题追踪

目前台站已完成迁站,正在进行人工对比观测。

第 9 章　大气成分

9.1　分析方法

气溶胶质量浓度数据质量问题站点评价指标包括数据获取率、数据正确率。

9.1.1　数据获取率

数据获取率是指在选取的评估时段内,以综合气象观测业务运行信息化平台维修维护为准,除去正常维护、标校、巡检时间段,实际收到的数据总量占应该收到数据总量的百分比。

$$数据获取率=\frac{实际收到的数据总量}{应该收到数据总量}\times100\% \tag{9.1}$$

9.1.2　数据正确率

数据正确率是指在选取的评估时段内,以综合气象观测业务运行信息化平台维修维护为准,除去正常维护、标校、巡检时间段,通过质量检查的数据总量占实际收到数据总量百分比。

$$数据正确率=\frac{通过质量检查的数据总量}{实际收到数据总量}\times100\% \tag{9.2}$$

质量检查目前包含以下方法:

(1)极值检查:PM_{10} 质量浓度、$PM_{2.5}$ 质量浓度、$PM_{1.0}$ 质量浓度[①]的下限和上限暂定为 0 和 999。

(2)恒值检查:连续 12 个观测记录(1 h 或 5 min)中的最大值、最小值之比小于 1.05(最小值非 0 时),或最大值、最小值之差小于 2(最小值为 0 时),则认为这 12 个观测记录均异常。

(3)变率极值检查:数据变率为当前时刻与前一时刻数据的差值,如果变率值在要求的范围外,记录异常。

(4)物理一致性:对于同时开展了 PM_{10}、$PM_{2.5}$ 观测的站点,$PM_{2.5}>50\ \mu g/m^3$ 时 $PM_{10}<0.9\times PM_{2.5}$,或 $PM_{2.5}\leqslant50\ \mu g/m^3$ 时 $PM_{10}<PM_{2.5}+5\ \mu g/m^3$,则认为 PM_{10}、$PM_{2.5}$ 数据均异常。

9.1.3　评价标准

①PM_{10} 正确率小于 80%。②$PM_{2.5}$ 正确率小于 80%。③$PM_{1.0}$ 正确率小于 80%。④任一气溶胶质量浓度小于 0 $\mu g/m^3$ 或者大于 1000 $\mu g/m^3$。

符合上述任一指标,即为异常站点。

9.2　问题原因

目前,全国气象部门气溶胶质量浓度观测设备的测量原理分为 3 类:激光散射法

[①]　PM_{10}、$PM_{2.5}$、$PM_{1.0}$ 分别指环境空气中空气动力学直径小于等于 10 μm、2.5 μm、1.0 μm 的颗粒物。PM_{10} 质量浓度、$PM_{2.5}$ 质量浓度、$PM_{1.0}$ 质量浓度下文简称 PM_{10}、$PM_{2.5}$ 和 $PM_{1.0}$。

(GRIMM)、震荡天平法(TEOM 系列)、贝塔射线法(蓝盾、ESA、MetOne、聚光、天虹)。

造成气溶胶质量浓度数据获取率低的原因主要包括:

①观测设备故障,台站停测或者无法采集到数据。②传输软件或者网络故障,台站报文没有上传。③报文错误或者考核信息有误,省级或者国家级气象通信系统没有上传或推送。④国家级业务系统没有进行数据采集、解析入库。

造成气溶胶质量浓度数据正确率低的原因主要包括:

①观测系统故障导致数据异常。②设备老化或者缺少维护、标校导致数据异常。

9.3 案例分析

点击天衡系统标题区系统标识或"主页"按钮,再将鼠标移到"快速切换区"→"观测设备切换区"的"当前设备"图标上,点击浮窗上"大气成分"图标,页面跳转至"大气成分质量浓度质量监视情况"页面,如图 9.1 所示。

图 9.1　大气成分质量浓度质量监视情况页面

"大气成分质量浓度质量监视情况"页面可对全国所有大气成分质量浓度站点的数据质量进行监视,将站点数据分为"可信、可疑、疑误、无数据、维护维修"5 种状态,并用不同颜色和图标进行区分。信息统计模块下显示总站点数、可信站点数、可疑站点数、疑误站点数和维护维修站点数,并将全国最大数据获取率的站点和全国最小数据获取率的站点显示出来。

点击站点可查看站点详细信息,点击"日期选择框"可选择分析时间段,点击"要素框"可选择分析要素进行分析。"图形展示区"以时次为横坐标,分析要素为纵坐标,显示选定时段每个时次要素质控分析结果随时间变化的时序图。"表格展示区"显示所选站点、所选时段的"应到文件数""实到文件数"和"通过要素数",并以表格显示所选时间段内各时次数据质控详情,如图 9.2 所示。

左侧的菜单栏可选择查看总体质量监视情况,还可以选择极值检查、变率极值检查、平均值±5 标准差检查、恒值检查、物理一致性检查下的站点情况。评估指标下设有 4 个可选菜单,分别是数据获取率、获取准时率、观测可用率和数据正确率,如图 9.3 所示。

以地图展现全国大气成分站点的评估指标,并且用不同的颜色,区分不同的指标区间,如图 9.4 所示。

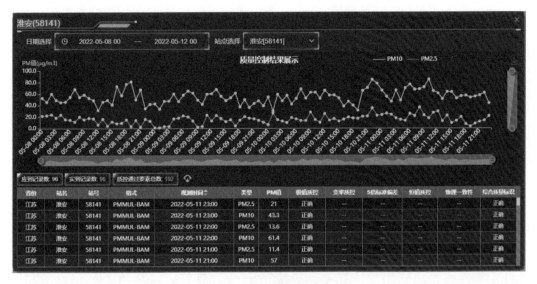

图 9.2　站点具体详情页面

图 9.3　极值检查质量控制情况

图 9.4　数据获取情况

在功能模块切换区点击"质量控制"模块,页面跳转大气成分质量浓度的"类型统计显示"页面。点击"选项区"某省(区、市)按钮和日期按钮,显示该地区所属的大气成分质量浓度所选时段的数据正确率和观测可用率。点击"图形展示区"某站点的柱状图或"表格展示区"某站点对应的数据行,弹窗显示该站详细情况,如图 9.5 所示。

图 9.5　类型统计显示页面

9.3.1　极值检查

根据案例统计发现:GRIMM 设备出现负值和极大值的情况比较少,贝塔射线设备出现极大值的情况较多,TEOM 设备出现负值的情况较多。

9.3.1.1　气泵故障导致数据质量异常

(1)案例介绍

2022 年 3 月 7—14 日,广东省信宜站数据可用率低于 80%,原因是 PM_{10} 不定时出现异常值 1000 $\mu g/m^3$,如图 9.6 所示。

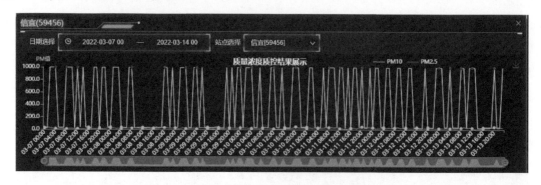

图 9.6　广东省信宜气溶胶质量浓度异常情况示例

(2)分析方法

广东省信宜站气溶胶质量浓度观测设备采用贝塔射线法测量,PM_{10} 和 $PM_{2.5}$ 有两套独立的测量主机,该案例中 PM_{10} 不定时出现异常值 1000 $\mu g/m^3$,$PM_{2.5}$ 数据正常,因此判断故障出

现在 PM_{10} 测量主机上。首先排查流量(气泵)状态,再查看滤纸上是否有水渍,滤纸斑点是否存在跳斑或重斑的情况(若出现重斑情况需检查导轨运行),通过计数方式测试计数器是否正常。建议查看设备维护、维修记录,检查该站历史上是否出现过类似问题及解决办法。

(3)解决方案

检查发现:纸带采样区域无水渍,通过单点反演和 um 校准判断计数器正常,检查气泵时发现有异常,随后联系厂家售后部门到现场进行气泵更换。

(4)问题追踪

经排查,该站 PM_{10} 测量主机的气泵无法正常吸气,导致采样异常,更换气泵后问题解决。

9.3.1.2 计数器故障导致数据质量异常

(1)案例介绍

2020 年 6 月 1—10 日,北京市通州站数据正确率低于 80%,原因是 PM_{10} 不定时出现异常值 10000 $\mu g/m^3$,如图 9.7 所示。

图 9.7 通州气溶胶质量浓度异常情况示例

(2)分析方法

北京市通州站气溶胶质量浓度观测设备采用贝塔射线法测量,PM_{10} 和 $PM_{2.5}$ 有 2 套独立的测量主机,该案例中 PM_{10} 不定时出现异常值 10000 $\mu g/m^3$,$PM_{2.5}$ 数据正常,因此判断故障出现在 PM_{10} 测量主机上。首先排查流量(气泵)状态,再查看滤纸上是否有水渍,滤纸斑点的是否存在跳斑或重斑的情况(若出现重斑情况需检查导轨运行),通过计数方式测试计数器是否正常。建议查看设备维护、维修记录,检查该站历史上是否出现过类似问题及解决办法。

(3)解决方案

检查发现纸带采样区域无水渍,气泵正常,通过单点反演和 um 校准发现 PM_{10} 测量主机计数器计数不能达到技术要求,判断为计数器故障,联系厂家售后部门解决。

(4)问题追踪

经过厂家测试,确定站点计数器异常,更换后问题解决。

9.3.1.3 设备故障引起 PM_{10} 出现负值

(1)案例介绍

2021 年 12 月 16—17 日,新疆维吾尔自治区哈密站数据正确率低于 80%,原因是 PM_{10} 不定时出现大量负值,如图9.8所示。

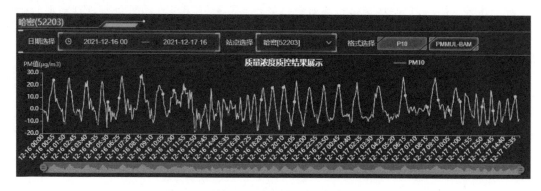

图9.8　哈密气溶胶质量浓度异常情况示例

(2)分析方法

新疆维吾尔自治区哈密站气溶胶质量浓度观测设备采用震荡天平测量法,该案例中PM_{10}出现负值,原因可能是在高湿、降雨环境中,过滤器、滤芯变脏、切割头过脏和虚拟冲击器堵塞导致颗粒物浓度降低,负值出现。

(3)解决方案

检查大过滤器、汽水分离器滤芯是否变脏及清理切割头及虚拟冲击器,更换称重TEOM膜。如不能排除故障,联系厂家进一步解决。

(4)问题追踪

更换大过滤器、汽水分离器滤芯后故障排除。2022年3月18日,该站对PM_{10}仪器进行了季维护。更换主、旁路过滤器,气—水分离器过滤芯,更换了滤膜和切割头,清洁了进气管路后,仪器正常开机时,未能正常启动,造成数据缺测。经检测,设备主板故障,空气热敏电阻故障。

9.3.1.4　切换漏气引起PM_{10}和$PM_{2.5}$同时出现负值

(1)案例介绍

2021年6月24—30日,黑龙江省龙凤山站数据正确率低于80%,原因是PM_{10}、$PM_{2.5}$有负值,如图9.9所示。

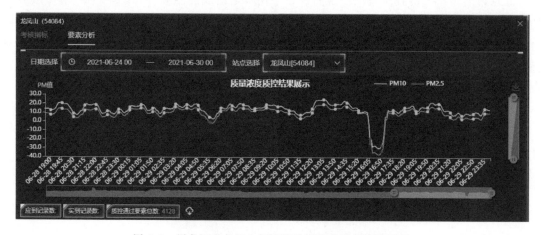

图9.9　黑龙江省龙凤山气溶胶质量浓度异常情况示例

（2）分析方法

黑龙江省龙凤山站气溶胶质量浓度观测设备采用的是震荡天平测量法，该案例中 PM_{10} 和 $PM_{2.5}$ 同时出现负值，原因是在高湿、降雨环境中，过滤器、滤芯变脏、切割头过脏和虚拟冲击器堵塞导致颗粒物浓度降低，负值出现。

（3）解决方案

更换天平滤膜以及侧面滤膜，检查垫圈，检查温度、流量等参数。清洗了切割头，发现切换阀漏气，更换了切换阀垫圈。

（4）问题追踪

更换了切换阀垫圈恢复正常。

9.3.1.5　设备老化引起 PM_{10} 和 $PM_{2.5}$ 同时出现负值

（1）案例介绍

2020 年 12 月 20—31 日，北京市延庆站数据到报率、正确率低于 80％，原因是设备故障停测，出现负值，如图 9.10 所示。

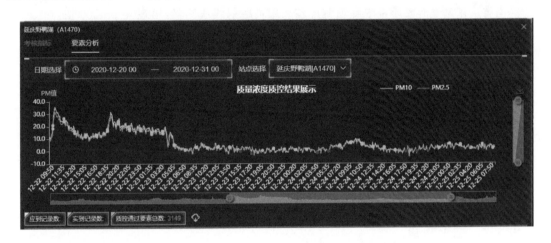

图 9.10　北京市延庆气溶胶质量浓度异常情况示例

（2）分析方法

北京市延庆站气溶胶质量浓度观测设备采用震荡天平测量法，该案例中 PM_{10} 和 $PM_{2.5}$ 同时出现负值，原因可能是在高湿、降雨环境中，过滤器、滤芯变脏，切割头过脏及虚拟冲击器堵塞导致颗粒物浓度降低，负值出现。

（3）解决方案

检查大过滤器、汽水分离器滤芯是否变脏、清理切割头及虚拟冲击器，更换称重 TEOM 膜。如不能排除故障，联系厂家进一步解决。

（4）问题追踪

该设备老化严重，联系厂家后问题暂时解决，后续该站又出现负值情况。

9.3.1.6　驱动板块故障引起数据质量异常

（1）案例介绍

2021 年 3—10 月，海南省乐东站数据正确率低于 80％，原因是 PM_{10}、$PM_{2.5}$、$PM_{1.0}$ 出现异常值，小于 $-10000\ \mu g/m^3$、$0\ \mu g/m^3$，如图 9.11 所示。

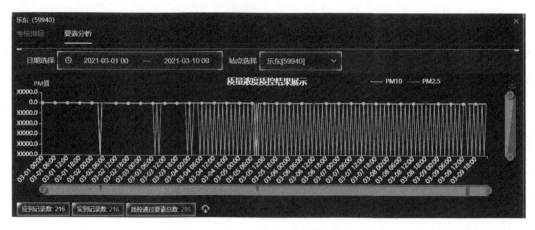

图 9.11   海南省乐东气溶胶质量浓度异常情况示例

(2)分析方法

海南省乐东站气溶胶质量浓度观测设备采用贝塔射线法测量,出现大于 1000 $\mu g/m^3$、小于 0 $\mu g/m^3$、持续不变时,首先排查流量(气泵)状态,再校准参比膜,查看滤纸斑点是否存在跳斑或重斑的情况(若出现重斑情况需检查导轨运行),通过计数方式测试计数器是否正常。建议查看设备维护、维修记录,检查该站历史上是否出现过类似问题及解决办法。

(3)解决方案

工作人员检查发现气泵正常,校准参比膜数据正常,滤纸斑点存在重斑的情况,导轨运行异常(供纸轮异常报警),判断为驱动板块异常,联系厂家售后部门解决。

(4)问题追踪

经过厂家测试,确定驱动板块故障,从而导致导轨无法正常运行,更换驱动板块后问题解决。

9.3.2   恒值检查

根据典型案例统计,采用贝塔射线法、震荡天平法测量的设备出现恒值问题的次数较多,原因主要是纸带问题、传感器故障等。

9.3.2.1   纸带问题引起数据质量异常

(1)案例介绍

2021 年 5 月 6—19 日,重庆市江津站数据异常,原因是 PM_{10}、$PM_{2.5}$、$PM_{1.0}$ 出现低值、0 值、恒值,如图 9.12 所示。

(2)分析方法

重庆市江津站气溶胶质量浓度观测设备采用贝塔射线法测量,出现问题可依次检查纸带、标校盖格模、标校流量。

(3)解决方案

现场先检查纸带情况:①是否用尽,纸带用尽立即更换。②是否出现卡纸现象。③纸带是否断裂。④纸带断裂后是否附着于探头上。

现场进行盖格模标校和流速标校,检查设备是否正常。现场进行计数器检查,判断设备是否正常。

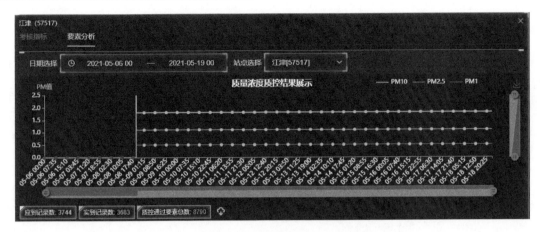

图 9.12　重庆市江津气溶胶质量浓度异常情况示例

（4）问题追踪

纸带问题现场解决，设备故障需厂家维修后，问题解决。

9.3.2.2　热敏电阻故障引起数据质量异常

（1）案例介绍

2021 年 8 月 1—9 日，甘肃省酒泉站 PM_{10} 数据正确率低于 80%，原因是数据有 0 值，如图 9.13 所示。

图 9.13　甘肃省酒泉气溶胶质量浓度异常情况示例

（2）分析方法

甘肃省酒泉站气溶胶质量浓度观测设备采用震荡天平法测量，显示 0 值，需进行以下检查排查故障原因：①采样系统是否畅通。②更换采样膜然后重启设备。③更换热敏电阻（天平中用于测温的元件）。

（3）解决方案

台站检查采样系统发现畅通，更换了新采样膜并重启设备发现故障依然存在，因无热敏电阻备件，联系厂家发货。

（4）问题追踪

热敏电阻非常规备件。收到厂家的热敏电阻备件后，及时进行更换，数据恢复正常。

9.3.2.3　纸带问题引起数据长时间异常

（1）案例介绍

2022 年 5 月 31 日 0—9 时，江苏省新沂站 $PM_{2.5}$ 数据恒值维持在 30.7 $\mu g/m^3$，如图 9.14 所示。

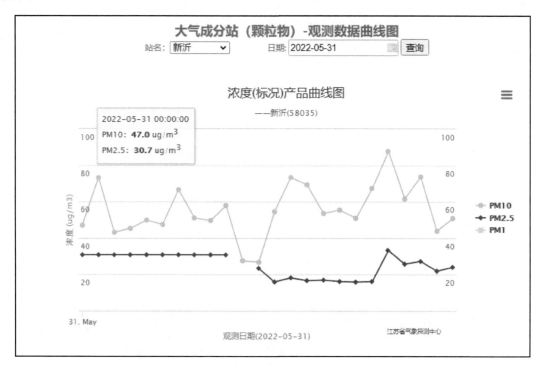

图 9.14　江苏省新沂气溶胶质量浓度异常情况示例

（2）分析方法

江苏省新沂站气溶胶质量浓度观测设备采用贝塔射线法测量，出现恒值问题可依次检查仪器主控程序运行情况以及纸带情况，因该设备的加热组件 DHS 和主机安装在一起，DHS 异常也会导致观测数据出现恒值。

（3）解决方案

现场先检查仪器主面板是否出现卡死的现象，该现象多见于方舱仪器断电重启后。如出现 DHS 异常，则进行退出测量操作，一般可解决 DHS 异常问题，如无法解决，需考虑内部 DHS 控制器出现故障，需返厂维修。

仪器面板和 DHS 工作正常的情况下需检查纸带情况：①纸带是否用尽，纸带用尽需立即更换。②是否出现卡纸现象，如出现需重新上紧纸带。③纸带是否断裂，如断裂需更换纸带。④纸带断裂后，压头下方是否有碎屑残留，需清理。

如仪器面板和 DHS 工作状态与纸带情况均为正常，则大概率为颗粒物设备主机未及时更新最新数据导致上传数据始终为同一值，可重启仪器解决。

（4）问题追踪

经过台站人员现场检查，仪器面板和 DHS 工作正常，检查发现是纸带问题，现场更换纸带解决。

9.3.3　变率极值检查

根据典型案例统计,采用激光散射法测量的设备发生变率极值问题的情况较多,主要表现为数据明显偏低或者为 0 $\mu g/m^3$,原因可能是激光能量衰减。

9.3.3.1　激光能衰减引起数据异常偏低

(1)案例介绍

2021 年 2 月 11—21 日,广西壮族自治区桂林站 PM_{10}、$PM_{2.5}$、$PM_{1.0}$ 数值偏低,如图 9.15 所示。

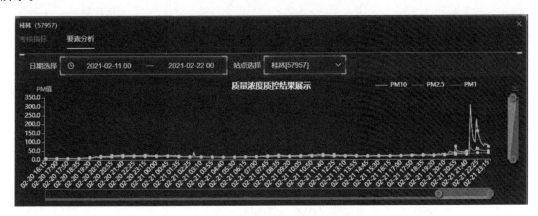

图 9.15　桂林气溶胶质量浓度异常情况示例

(2)分析方法

广西壮族自治区桂林站气溶胶质量浓度观测设备采用激光散射法测量,测量数据持续长时间偏低,需要检查激光衰减情况,系统运行情况和光室环境。检查流量是否正常,如有堵塞,先进行疏通。

(3)解决方案

清理光室及反光铜镜,定期溯源校准。

(4)问题追踪

维护并标校后问题解决。

9.3.3.2　光室环境不良导致数据异常

(1)案例介绍

2021 年 3 月 25—31 日,辽宁省鞍山站 PM_{10}、$PM_{2.5}$、$PM_{1.0}$ 出现 0 $\mu g/m^3$,如图 9.16 所示。

(2)分析方法

辽宁省鞍山站气溶胶质量浓度观测设备采用激光散射法测量,长时间出现 0 $\mu g/m^3$,考虑到该设备业务运行时间较长,激光器可能老化或能量衰退,台站人员可关机检查仪器是否装上小瓶或小瓶是否拧紧、清洁光室,开机检查数据是否正常。如未恢复考虑更换激光器。

(3)解决方案

检查仪器是否装上小瓶或拧严,清洁光室,更换激光器。联系厂家进行维修解决。

(4)问题追踪

维护后问题解决。

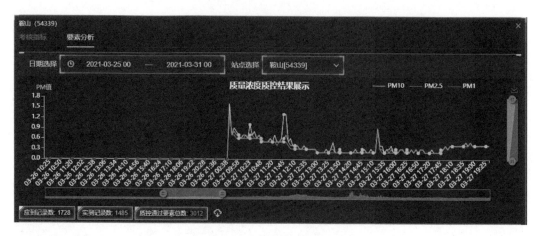

图 9.16　辽宁省鞍山气溶胶质量浓度异常情况示例

9.3.4　物理一致性检查

物理一致性问题在 2 套及以上贝塔射线设备同站观测时出现较多,因为观测设备不可避免存在一定的观测误差,当 PM_{10}、$PM_{2.5}$、$PM_{1.0}$ 中的 2 个或者 3 个数值比较接近时,会因为观测误差的问题导致倒挂的情况发生,从而未通过物理一致性检查。

9.3.4.1　气溶胶质量浓度倒挂($PM_{10} < PM_{2.5}$)

（1）案例介绍

2022 年 5 月 5—6 日,江苏省徐州站物理一致性检查未通过,多个时次出现 $PM_{10} < PM_{2.5}$ 的倒挂情况,如图 9.17 所示。

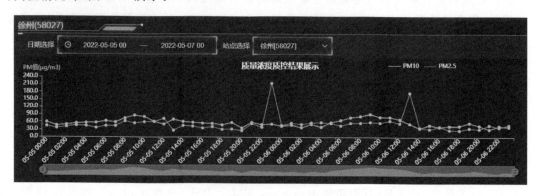

图 9.17　江苏省徐州气溶胶质量浓度异常情况示例

（2）分析方法

江苏省徐州站气溶胶质量浓度观测设备采用贝塔射线法测量,PM_{10} 和 $PM_{2.5}$ 有 2 套独立的测量主机。任何气溶胶质量浓度在线设备都存在误差,一般允许为:不大于 $\pm 20\ \mu g/m^3$（浓度 $\leqslant 100\ \mu g/m^3$）,不大于 $\pm 20\%$（浓度 $> 100\ \mu g/m^3$）。在二者真实值接近,但 PM_{10} 测量偏低、$PM_{2.5}$ 测量偏高的情况下,会出现倒挂的情况,根据经验,允许一定程度的数据倒挂,以下情况是允许的。$PM_{2.5} > 50$,$PM_{10} > 0.9 \times PM_{2.5}$（单位:$\mu g/m^3$）$PM_{2.5} \leqslant 50$,$PM_{10} > PM_{2.5} - 5$（单位:$\mu g/m^3$）,连续倒挂时次不超过 6 h。本案例中,出现 $PM_{2.5} > PM_{10}$,首先排查流量（气泵）状态,再查看滤纸上是否有水渍,滤纸斑点的是否存在跳斑或重斑的情况(若出现重斑情况需检查导轨运行),通过计数方式测试计数器是否正常。建议查看设备维护、维修记录,检查该站历史上是否出现过类似问题及解决办法。

(3)解决方案

检查气密性,进行流量校准,检查动态加热系统工作状态,进行 um 校准和多次单点反演。如不能恢复,联系厂家进行维修解决。

(4)问题追踪

站点进行 PM_{10} 和 $PM_{2.5}$ 2 套设备例行维护,设备未出现数据长时间倒挂情况。

9.3.4.2　设备故障引起数据质量异常

(1)案例介绍

2021 年 7 月 18—19 日,山西省运城站出现数据倒挂,多个时次出现 $PM_{10}<PM_{2.5}$ 的情况,如图 9.18 所示。

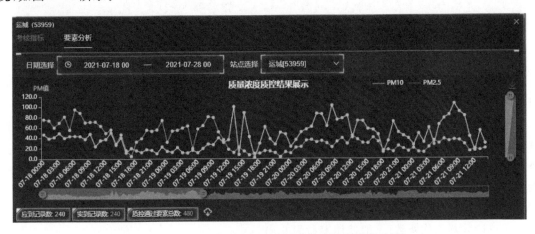

图 9.18　山西省运城气溶胶质量浓度异常情况示例

(2)分析方法

山西省运城站气溶胶质量浓度观测设备采用贝塔射线法测量,PM_{10} 和 $PM_{2.5}$ 有 2 套独立的测量主机。任何气溶胶质量浓度在线设备都存在误差,一般允许为:不大于 $\pm 20\ \mu g/m^3$(浓度 $\leqslant 100\ \mu g/m^3$),不大于 $\pm 20\%$(浓度 $>100\ \mu g/m^3$)。在二者真实值接近但 PM_{10} 测量偏低、$PM_{2.5}$ 测量偏高的情况下,会出现倒挂的情况,根据经验,允许一定程度的数据倒挂,以下情况是允许的。$PM_{2.5}>50$,$PM_{10}>0.9\times PM_{2.5}$(单位:$\mu g/m^3$)$PM_{2.5}\leqslant 50$,$PM_{10}>PM_{2.5}-5$(单位:$\mu g/m^3$),连续倒挂时次不超过 6 h。在本案例中,$PM_{2.5}$ 长时间大于 PM_{10},首先排查流量(气泵)状态,再查看滤纸上是否有水渍,滤纸斑点的是否存在跳斑或重斑的情况(若出现重斑情况需检查导轨运行),通过计数方式测试计数器是否正常。建议查看设备维护、维修记录,检查该站历史上是否出现过类似问题及解决办法。

(3)解决方案

检查气密性,进行流量校准,检查动态加热系统工作状态,进行 um 校准和多次单点反演。如不能恢复,联系厂家进行维修解决。

(4)问题追踪

联系厂家进行维修,更换电源板、滑轨、流量计后问题解决。

9.3.4.3　盖革计数器故障引起数据质量异常

(1)案例介绍

2021 年 5 月 1—7 日,江苏省丹徒站 $PM_{2.5}$ 数据异常,连续多个时次出现跳变的情况,有极值产生,也有倒挂现象,如图 9.19 所示。

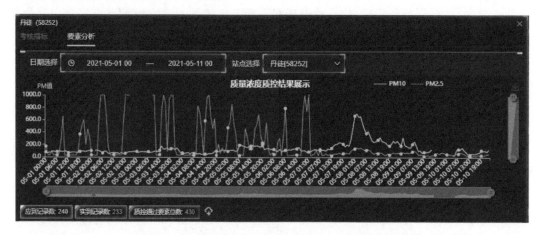

图 9.19　江苏省丹徒气溶胶质量浓度异常情况示例

(2)分析方法

江苏省丹徒站气溶胶质量浓度观测设备采用贝塔射线法测量,出现倒挂现象,首先排查流量(气泵)状态,再查看滤纸上是否有水渍,滤纸斑点的是否存在跳斑或重斑的情况(若出现重斑情况需检查导轨运行),通过计数方式测试计数器是否正常。建议查看设备维护、维修记录,检查该站历史上是否出现过类似问题及解决办法。$PM_{2.5}$ 设备计数器为盖革计数器,测试发现 $PM_{2.5}$ 设备的单点反演值为 $1.1\ mg/cm^2$,超出建议值范围,且 um 校准值为负值(-0.003),判断为盖革计数器老化所致(一般使用寿命为 5 a)。

(3)解决方案

$PM_{2.5}$ 设备的单点反演值超出建议值范围,且 um 校准值为负值,判断为盖革计数器故障,联系厂家进行返厂维修。

(4)问题追踪

厂家测试确认盖革计数器故障,由于盖革计数器停产,更换为闪烁体探测器后,$PM_{2.5}$ 数据恢复正常。